OBSERVER LE CIEL LA NUIT

LES CARTES DES CONSTELLATIONS
POUR CHAQUE MOIS DE L'ANNÉE

Robin Kerrod
et Tom Jackson

GERFAUT

Édition originale parue sous le titre *Sky at night*.

Conception, design et production : The Bright Press, une marque de The Quarto Group.

Édition française

Réimpressions : 2019, 2020, 2021.

Éditions du Gerfaut
16, rue du Petit-Change
28000 Chartres
editionsdugerfaut.com

Les éditions du Gerfaut bénéficient du soutien de la Région Centre-Val de Loire, de l'État (DRAC Centre-Val de Loire) et de Ciclic Centre-Val de Loire.

Traduction de l'anglais : Marion Richaud pour Lunedit.
Réalisation de l'édition française : lunedit.com

Dépôt légal : octobre 2019
ISBN : 978-2-35191-218-8

Imprimé en Chine.

Sommaire

INTRODUCTION 5

Chapitre 1 : Observer le ciel

ÉTUDIER LE CIEL 9
DES DESSINS DANS LE CIEL 21
LE SYSTÈME SOLAIRE 33

Chapitre 2 : Les cartes des étoiles

REPÉRER LES CONSTELLATIONS 52
LES CARTES DES ÉTOILES 53
ÉTOILES CIRCUMPOLAIRES DANS L'HÉMISPHÈRE NORD 56
ÉTOILES CIRCUMPOLAIRES DANS L'HÉMISPHÈRE SUD 60
ÉTOILES VISIBLES EN JANVIER 64
ÉTOILES VISIBLES EN FÉVRIER 72
ÉTOILES VISIBLES EN MARS 76
ÉTOILES VISIBLES EN AVRIL 80
ÉTOILES VISIBLES EN MAI 84
ÉTOILES VISIBLES EN JUIN 88
ÉTOILES VISIBLES EN JUILLET 94
ÉTOILES VISIBLES EN AOÛT 100
ÉTOILES VISIBLES EN SEPTEMBRE 106
ÉTOILES VISIBLES EN OCTOBRE 110
ÉTOILES VISIBLES EN NOVEMBRE 114
ÉTOILES VISIBLES EN DÉCEMBRE 118
DATES CLÉS DE L'ASTRONOMIE 122

INDEX 124
À PROPOS DES AUTEURS 128

Introduction

Chaque nuit de l'année, partout dans le monde, les hommes braquent leurs yeux sur le ciel et s'émerveillent devant la voûte étoilée. Les myriades d'étoiles qui brillent au-dessus de nos têtes dans l'obscurité de l'espace continuent de nous fasciner autant qu'à l'aube de l'humanité. Les observations systématiques du ciel nocturne ont débuté au Moyen-Orient il y a environ 5 000 ans et elles forment les bases de l'astronomie, l'étude scientifique du ciel et des corps célestes.

Les premiers prêtres astronomes qui ont posé les fondations de ce qui est aujourd'hui une science très précise n'avaient aucune idée de ce qu'était le ciel. Cinq mille ans plus tard, le ciel nocturne nous ouvre une fenêtre sur les merveilles de l'univers.

Quand nous observons les étoiles, nous plongeons dans les profondeurs de cet univers, nous voyageons non seulement dans l'espace, mais aussi dans le temps. Les étoiles sont si distantes que la lumière qui nous parvient a peut-être voyagé pendant des milliers d'années. Nous les voyons telles qu'elles ont été, non telles qu'elles sont.

Les astronomes professionnels scrutent l'espace avec leurs réflecteurs géants et utilisent des radiotélescopes pour se brancher sur le ciel et écouter les symphonies des sphères célestes. Ce sont eux qui ont résolu bien des mystères de notre univers autrefois incompréhensible et ils commencent à élucider ce qui le fait tourner. Ils s'aperçoivent que, dans l'espace, le fantastique est banal, le bizarre presque normal. Et plus ils découvrent de choses, plus ils se rendent compte qu'il y en a à découvrir. Bienvenue dans l'univers !

La galaxie spirale d'Andromède appelée aussi M31 se trouve à 2,5 millions d'années-lumière de la Terre.

Chapitre 1
Observer le ciel

Étudier le ciel

Au niveau le plus simple, il n'est pas nécessaire d'utiliser des équipements spécifiques pour étudier le ciel nocturne étoilé. Il suffit de le regarder pour apprécier toute sa splendeur, comme nos ancêtres le faisaient il y a si longtemps. Cependant, avec un peu d'aide il est possible de voir beaucoup plus de choses. Une paire de jumelles ou un petit télescope peuvent révéler des milliers d'étoiles supplémentaires et nous faire découvrir les montagnes de la Lune, les lunes de Jupiter et bien d'autres merveilles.

Les astronomes professionnels utilisent aussi des télescopes… géants. Ils étudient aussi les ondes radio émises par les corps célestes à l'aide d'immenses radiotélescopes. Ils envoient des instruments dans l'espace sur des satellites et des sondes. Grâce à ces puissants outils, ils font des découvertes stupéfiantes sur notre système solaire et notre univers.

Radiotélescopes pointés vers le ciel étoilé.

À l'œil nu

Rien qu'avec nos yeux, nous pouvons voir énormément de choses dans le ciel. En étant patient et très attentif, il est possible de dénombrer environ 2 500 étoiles au-dessus de l'horizon et de constater que toutes les étoiles ne sont pas identiques. Certaines sont plus brillantes que d'autres. La plupart sont blanches, mais certaines sont colorées.

Ici et là, nous arrivons à repérer ce qui semble être des étoiles exceptionnellement brillantes et, si nous les observons pendant plusieurs nuits de suite, nous voyons qu'elles se déplacent par rapport à un arrière-plan d'étoiles moins brillantes. Ces corps célestes en mouvement ne sont pas des étoiles, mais des planètes. La plus familière est l'étoile du soir que nous voyons souvent briller à l'ouest juste après le coucher du Soleil. C'est Vénus, la planète la plus proche de nous. Dans l'espace, c'est bien sûr la Lune qui est notre plus proche voisine. Elle est magnifique à regarder et change tout le temps d'apparence, mais elle brille tellement qu'elle peut gêner l'observation des étoiles.

À chaque fois que l'on observe les étoiles ou presque, on peut voir les traces laissées par des étoiles en train de tomber. Ce sont des météores, des taches de matière provenant de l'espace et s'embrasant dans l'atmosphère. Les planètes, la Lune et les météores font tous partie du système solaire.

PRÉPAREZ-VOUS

Si vous avez l'intention d'observer les étoiles pendant un long moment, il est nécessaire de faire quelques préparatifs. Premièrement, vous aurez peut-être besoin de porter des vêtements chauds. Il peut faire froid la nuit, même en été, et, en hiver, quand le ciel est généralement le plus clair, les températures peuvent être négatives.

Pour vous aider à vous y retrouver dans le ciel, vous aurez besoin d'un cherche-étoiles et de plusieurs cartes des étoiles. Il existe également des applications pour téléphones mobiles, qui présentent l'avantage d'être autoéclairées !

S'il vous faut une lampe torche pour lire une carte papier, choisissez-en une à lumière rouge pour ne pas affecter votre vision.

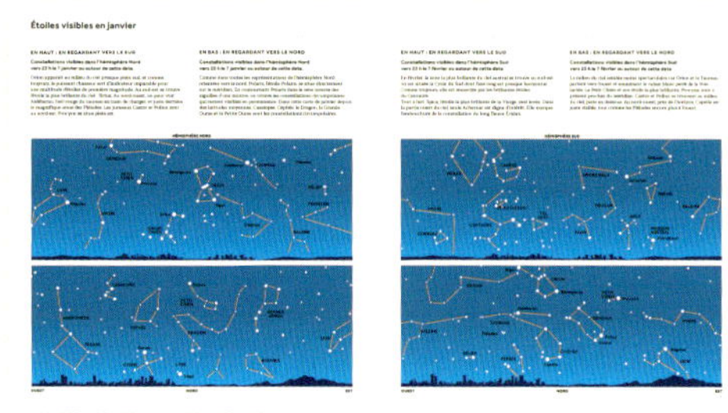

▲ Cherchez l'étoile repérée sur votre carte.

▶ Un cherche-étoiles est indispensable.

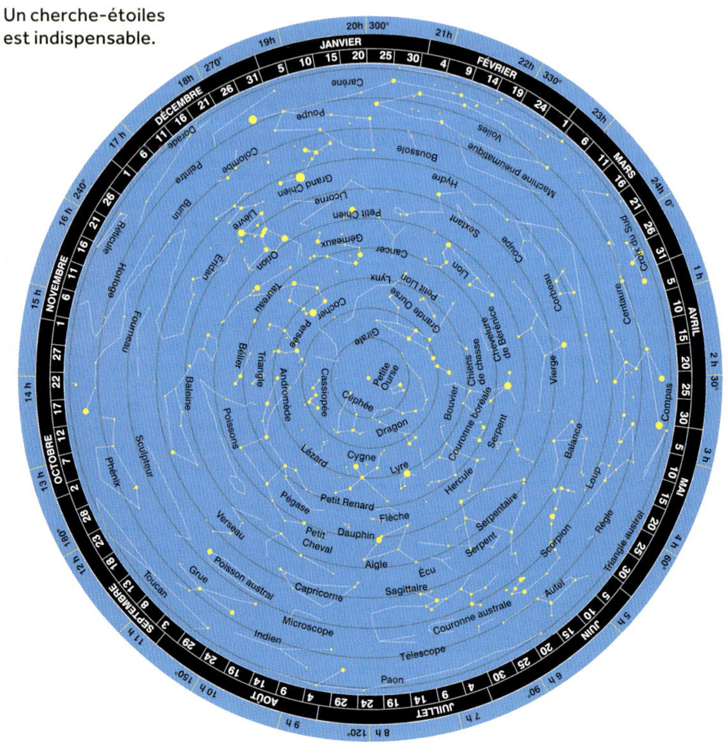

Avec des lentilles

L'œil n'est pas un bon « instrument » d'observation. Il ne possède qu'une petite ouverture pour laisser pénétrer la faible lumière des étoiles. Pour recueillir plus de lumière, nous utilisons des télescopes qui offrent une plus grande ouverture.

Les télescopes qui collectent la lumière avec des lentilles sont dits réfracteurs parce qu'ils réfractent la lumière qui subit donc une courbure quand elle traverse la lentille. On les appelle des « lunettes astronomiques ». Ils possèdent deux lentilles. Celle à l'avant, l'objectif, est la plus grande des deux. Elle forme une image qui est ensuite vue par l'œil à travers la seconde lentille, appelée l'oculaire.

Les astronomes amateurs peuvent utiliser des lunettes astronomiques, mais il est impossible de construire des lunettes assez grandes pour les observatoires professionnels.

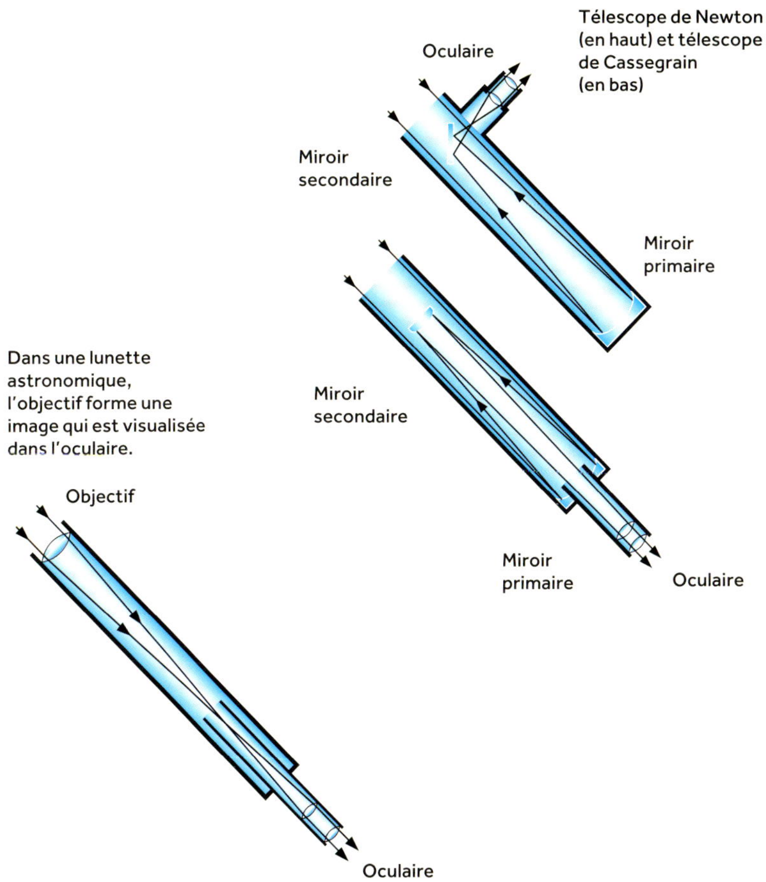

IMAGES MIROIRS

Les télescopes qui recueillent et concentrent la lumière des étoiles avec des miroirs sont appelés « réflecteurs ». Ce sont eux que l'on nomme couramment « télescopes ». Ils reçoivent la lumière dans un miroir primaire concave, c'est-à-dire en forme de parabole. Ce miroir reflète la lumière sur un miroir secondaire qui, à son tour, dirige la lumière collectée vers une lentille oculaire. Sur les réflecteurs les plus communément utilisés par les astronomes amateurs, l'oculaire se trouve tout en haut, sur le côté du tube.

Pour les amateurs, un télescope avec un miroir primaire d'environ 20 cm suffit. Les réflecteurs géants des astronomes professionnels sont équipés de miroirs beaucoup plus grands. Les deux télescopes Keck de l'observatoire de Mauna Kea à Hawaï possèdent un miroir primaire de 10 m composé de 36 segments. Ils gagnent encore en puissance quand ils sont utilisés ensemble pour photographier le ciel nocturne. L'Observatoire européen austral (ESO) au Chili dispose du VLT (Very Large Telescope ou Très Grand Télescope) qui réunit quatre réflecteurs de 8 m. En 2024, l'ESO doit ouvrir le plus grand télescope jamais construit, l'ELT (Extremely Large Telescope ou Télescope géant européen) de 39 m.

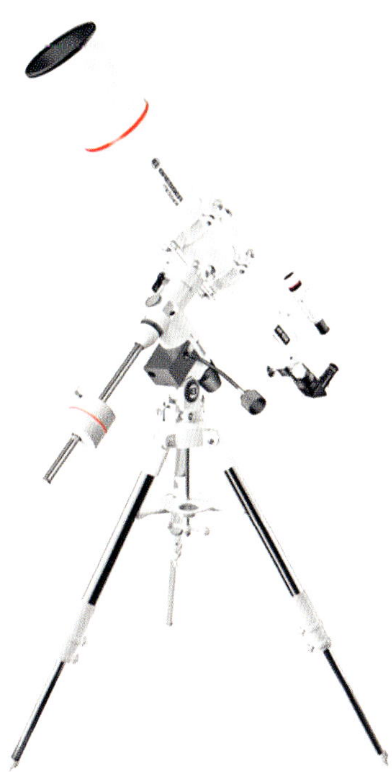

- Un télescope réfracteur de 10 cm comme cette lunette Bresser (à gauche) produit d'excellentes images.
- Les télescopes réflecteurs de 20 cm comme ce télescope à monture équatoriale Orion SkyView Pro (à droite) constituent un très bon choix pour les amateurs.

HAUTES PERFORMANCES

Les télescopes géants actuels sont installés dans des observatoires en altitude. L'observatoire de Mauna Kea à Hawaï, situé à 4 205 m d'altitude, est l'un des plus hauts du monde. En hauteur, l'air est plus fin, il contient moins de poussière et se retrouve moins affecté par les courants d'air tourbillonnants. Cet air plus propre et plus stable offre de bien meilleures conditions d'observation.

De nos jours, les astronomes regardent rarement dans leurs télescopes. À la place, ils utilisent leurs télescopes comme des appareils photo géants. Plus l'appareil est exposé longtemps dans le télescope, plus il emmagasine de lumière. Il peut ainsi collecter la lumière provenant d'étoiles très peu lumineuses qui seraient autrement invisibles.

SUIVEZ CETTE ÉTOILE

Les observateurs d'étoiles découvrent vite que les étoiles ne restent pas toujours à la même position dans le ciel nocturne. Elles tournent au-dessus de nos têtes – elles se lèvent à l'est et se couchent à l'ouest, exactement comme le Soleil. Si les astronomes pointaient simplement leurs télescopes vers le ciel et les laissaient ainsi pendant plusieurs heures, ils n'obtiendraient que des traînées stellaires floues. Pour éviter ce problème, les télescopes se déplacent grâce à un moteur qui suit le mouvement des étoiles.

OBSERVATION DU SOLEIL

Les astronomes utilisent des télescopes réflecteurs spéciaux pour étudier le Soleil. Habituellement, les télescopes solaires ont la forme de hautes tours avec une salle observatoire au rez-de-chaussée. Un miroir (appelé héliostat) en haut de la tour reflète la lumière du Soleil vers le bas, le long d'un puits. D'autres miroirs reflètent et concentrent la lumière sur un écran ou une table dans la salle d'observation.

L'Observatoire de Kitt Peak (en haut) se dresse dans le désert de l'Arizona, le site abrite aussi le télescope solaire McMath-Pierce (en bas).

Photographier le ciel

La discipline qui consiste à prendre des clichés du ciel est appelée « astrophotographie ». Comme nous l'avons vu précédemment, les astronomes professionnels, mais aussi amateurs, enregistrent leurs observations de cette manière. Au niveau le plus élémentaire, l'astrophotographie n'a rien de compliqué. Si vous possédez un appareil photo doté d'un mode B (Bulb), vous pourrez prendre des photos des étoiles. Il vous faudra également d'autres accessoires : un déclencheur filaire et un trépied de préférence à tête panoramique basculante que l'on peut manier avec une poignée.

Montez l'appareil photo sur la tête du trépied et branchez le déclencheur. Cela évite de bousculer l'appareil quand vous manipulez le déclencheur. Alignez l'appareil sur la partie du ciel que vous voulez photographier, puis appuyez sur le déclencheur pour ouvrir l'obturateur. Bloquez le déclencheur en position ouverte. Laissez l'obturateur ouvert pendant un certain temps, une demi-heure ou plus. Relâchez le déclencheur et laissez l'obturateur se fermer. Répétez l'opération en pointant l'appareil dans une autre direction. Faites varier les durées d'exposition. Si vous vivez dans l'hémisphère Nord, visez l'étoile Polaire si vous la trouvez. Si vous êtes dans l'hémisphère Sud, dirigez l'appareil vers la Croix du Sud.

On obtient ainsi des clichés appelés « filés d'étoiles » qui traversent le ciel nocturne dans différentes directions. Vos clichés de l'étoile Polaire ou de la Croix du Sud devraient montrer des étoiles dessinant des cercles.

ATTRAPER DES COMÈTES

N'oubliez pas de sortir votre appareil photo quand des comètes lumineuses apparaissent, ce qui n'arrive pas très souvent. Dans ce cas, montez votre appareil photo sur un trépied avec un déclencheur filaire. Utilisez une exposition courte, d'environ 1 minute. Vous devriez capturer correctement la comète et, cette fois-ci, les étoiles seront des points lumineux isolés plutôt que des filés.

▼ En pointant votre appareil vers l'étoile Polaire, vous obtiendrez de petits arcs avec l'étoile Polaire presque stationnaire au centre.

Voir l'invisible

Nous voyons les étoiles à cause de la lumière qu'elles émettent. La lumière est l'une des façons par lesquelles ces corps libèrent de l'énergie, mais les étoiles émettent également de l'énergie sous d'autres formes : rayons gamma, rayons X, ultraviolets, infrarouges, micro-ondes et ondes radios, qui sont invisibles à nos yeux. Pour mieux comprendre les étoiles, nous devons étudier leur rayonnement invisible en plus de leur lumière.

Cependant, la plupart des formes de radiation invisibles qui viennent du ciel sont absorbées quand elles traversent l'atmosphère terrestre. Seules les ondes radios peuvent nous atteindre au sol. Les radioastronomes recueillent les signaux radios célestes avec des radiotélescopes. Certains sont composés de plusieurs antennes long-fil, mais la plupart sont juste d'immenses disques métalliques. La radioastronomie est l'un des domaines les plus passionnants de l'astronomie et nous donne une vision assez différente de l'univers.

Les radiotélescopes sont des réflecteurs qui collectent les signaux et les concentrent sur une antenne. Les faibles signaux sont ensuite transmis à un récepteur dans lequel ils sont accordés et amplifiés (renforcés), comme les signaux de radiodiffusion dans un poste de radio standard. Les signaux finaux sont ensuite transformés en images visuelles affichées dans différentes fausses couleurs. Les images radio des corps célestes sont souvent très différentes des images classiques.

DES TÉLESCOPES DANS L'ESPACE

Pour étudier les autres rayonnements invisibles qui traversent le ciel – rayons gamma, X, ultraviolets... – les astronomes doivent aller dans l'espace. Des télescopes et d'autres instruments sont placés dans des satellites lancés en orbite autour de la Terre, bien au-dessus de son atmosphère absorbante.

▲ Le deuxième plus grand radiotélescope, à Arecibo, Porto Rico, vu du pont d'observation.

▶ Le radiotélescope de Parkes en Nouvelle-Galles du Sud, Australie.

L'univers de *Hubble*

L'instrument d'astronomie qui a captivé l'imagination des foules comme aucun autre est le télescope spatial *Hubble* (HST) de la NASA. C'est un télescope réflecteur assez conventionnel avec un miroir collecteur de lumière de seulement 2,4 m de diamètre. Cependant, une fois dans l'espace, l'HST a une vision particulièrement claire des corps célestes et renvoie des images bien supérieures à celles obtenues par des instruments beaucoup plus grands au sol.

Cela n'a pas toujours été le cas. Après son lancement de la navette spatiale en avril 1990, on a découvert que l'HST était défectueux. Les clichés qu'ils renvoyaient n'étaient pas vraiment de meilleure qualité que ceux obtenus avec les instruments basés sur la Terre. Il présentait un problème de fabrication et le miroir principal avait un défaut de courbure. En 1993, les astronautes de la NASA ont installé un ensemble de miroirs appelé COSTAR pour corriger la vision défectueuse de l'HST. Ce n'est qu'alors que l'HST a pu tenir les promesses de la NASA d'ouvrir une nouvelle fenêtre sur l'univers et une série d'améliorations, la dernière datant de 2009, ont prolongé grandement la durée de vie du télescope. L'une des images les plus emblématiques de l'HST est le Champ ultra-profond où le télescope a passé trois mois en 2003 à observer un minuscule carré apparemment vide. Le télescope y a vu des centaines de lumières – des galaxies entières – situées à environ 13 milliards d'années-lumière.

L'HST est parvenu à regarder un peu plus loin en 2012, à 13,2 milliards d'années-lumière, soit quelques petites centaines de millions d'années après le Big Bang. Cependant, pour voir encore plus loin, pour remonter au moment où les toutes premières étoiles et galaxies se sont formées, la NASA aura besoin d'un nouveau télescope, le télescope spatial *James-Webb* dont le lancement est prévu en 2021.

▼ Le télescope spatial *Hubble* gravite à 590 km de la surface terrestre. La photographie de gauche montre *Hubble* maintenu en place par le bras robotisé d'une navette spatiale pendant des opérations de maintenance.

▲ Le champ ultra profond de *Hubble* est le cliché des éléments les plus distants de l'univers jamais photographiés. Il révèle certaines des premières galaxies à avoir fait leur apparition, peu après le Big Bang.

Remonter dans le temps

Pour voir plus loin que le télescope spatial *Hubble*, la NASA a construit le télescope spatial *James-Webb* (JWST). Avec un lancement prévu en 2021, le miroir plaqué or de 6,5 m de large de cet engin spatial sera capable de voir des objets situés à 13,5 milliards d'années-lumière et donc de nous montrer ce à quoi ressemblait l'univers quand les premières étoiles se sont formées. Cependant, pour y parvenir, le JWST aura besoin de voir les rayons infrarouges, ou ondes thermiques, pas la lumière visible.

La lumière et d'autres rayons traversent l'univers à une vitesse fixe : 300 000 km/seconde. C'est rapide, mais loin d'être instantané. Il faut par exemple 8 minutes à la lumière du Soleil pour atteindre la Terre : il se trouve à 8 minutes-lumière de la Terre, ce qui signifie que nous voyons le Soleil tel qu'il était il y a 8 minutes. De même, la lumière d'objets situés à 13,5 milliards d'années-lumière prend 13,5 milliards d'années pour nous atteindre et nous montre donc des objets datant des débuts de l'univers. Cependant, pendant les milliards d'années passés par la lumière à voyager, l'espace environnant s'est étendu. Alors que la lumière traverse l'espace en expansion, ses longueurs d'onde s'étirent ce qui transforme les sources de lumière les plus anciennes en infrarouges invisibles.

Pour capter la faible lueur de la chaleur distante, le JWST est placé dans une orbite très froide et sombre appelée L2. C'est un point situé à 1,5 million de kilomètres au-delà de l'orbite terrestre où le JWST sera toujours protégé de la chaleur solaire par l'ombre de la Terre.

Le télescope est également entouré d'un bouclier thermique de la taille d'un court de tennis qui garantit que les capteurs thermiques restent toujours assez froids, au moins - 223 °C, pour capter les infrarouges de l'espace profond. Le télescope serait tellement sensible qu'il serait capable de détecter la chaleur d'un bourdon sur la Lune.

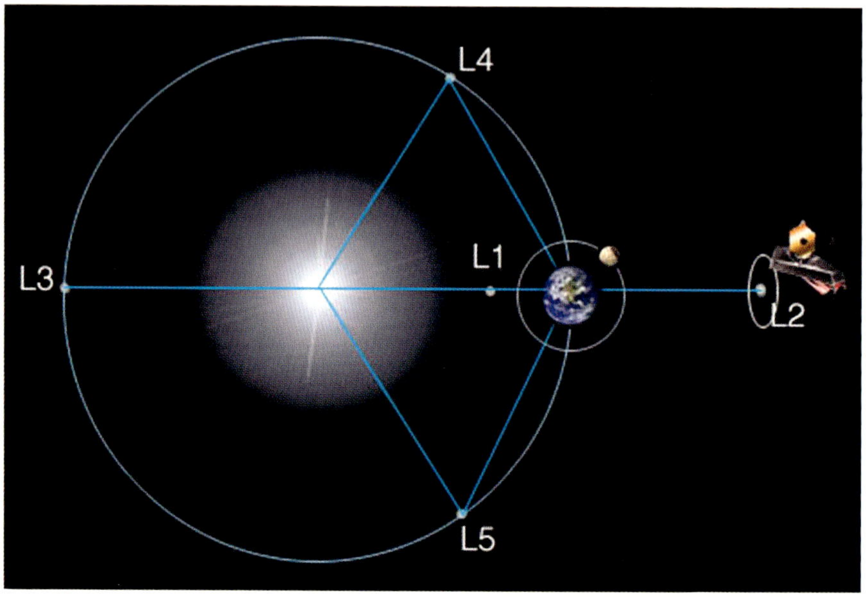

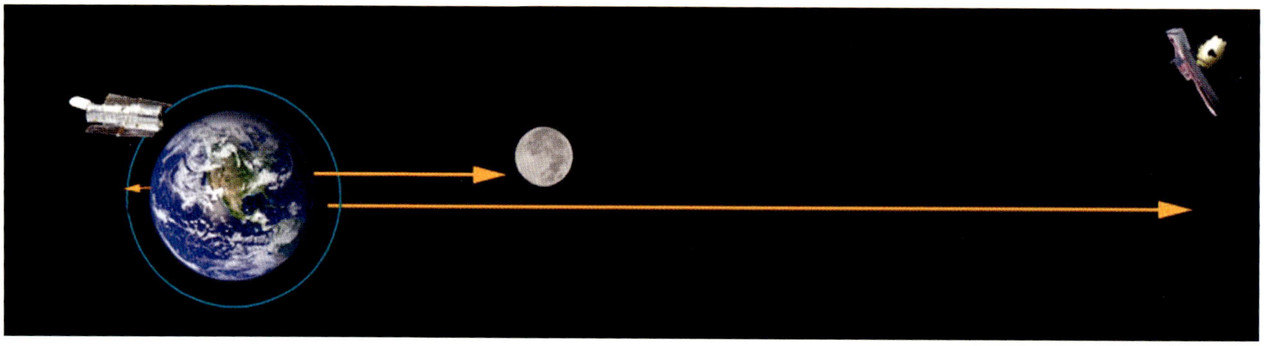

Hubble (560 km)
Lune (384 400 km)
Webb (1,5 million de km)

- En haut : le miroir du télescope spatial *James-Webb* se compose de 18 hexagones qui ont été repliés pour le lancement.
- Au centre : il pourra voir à l'intérieur des nuages de poussière noire dans lesquels les étoiles se forment. Aucun télescope n'a encore été capable de voir clairement ces éléments.
- En bas : *James-Webb* va orbiter autour du Soleil à 1,5 million de km de la Terre au niveau de ce que l'on appelle le deuxième point de Lagrange ou L2 (les schémas ne sont pas à l'échelle).
- Page ci-contre : le miroir primaire hexagonal du télescope au NASA Goddard Space Flight Center.

LOW RH

Sonder les planètes

À l'instar du télescope *Hubble* pour l'univers, les sondes spatiales nous ont ouvert de nouvelles fenêtres sur les planètes et les autres corps de notre système solaire. La sonde *Mariner 4* a renvoyé la première image rapprochée de Mars en 1965 qui montre un paysage désertique. Les sondes *Mariner* suivantes nous ont dévoilé une planète avec des paysages plus contrastés, des déserts, des volcans et de grands canyons.

Mariner 10 a livré des clichés de Mercure en 1974 qui révèlent une surface recouverte de cratères désertiques. La sonde *Pioneer 10* a voyagé dans la ceinture d'astéroïdes pour visiter Jupiter en 1973 et deux sondes *Viking* identiques ont déposé des engins sur Mars en 1976 pour photographier son paysage couleur rouille.

LES VISITEURS DE L'ESPACE PROFOND

Deux autres appareils robotisés, *Voyager 1* et 2, ont décollé de la Terre (1977) pour *visiter* tour à tour Jupiter et Saturne (1979-1981). *Voyager 2* a ensuite mis les gaz pour survoler Uranus (1986) et Neptune (1989). Les deux sondes *Voyager* sont toujours en service et font des rapports sur les conditions aux confins du système solaire.

Quand leur alimentation électrique s'éteindra en 2025, elles devraient se trouver dans l'espace interstellaire.

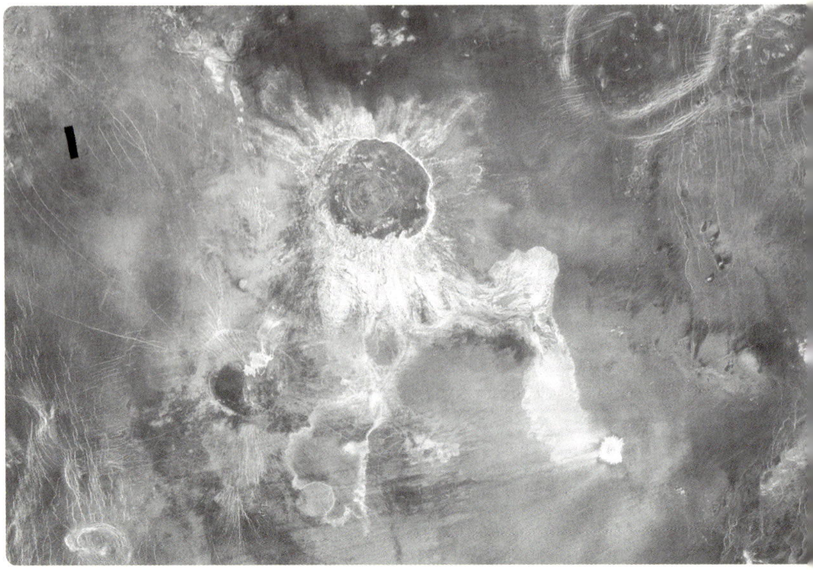

EXPLORATEURS LOCAUX

Beaucoup plus près de nous, *Magellan* (1990-1994) a utilisé des radars pour percer l'épais nuage de Vénus et nous a dévoilé des volcans éteints et des plaines de lave. *Galileo* (1995-2003) et *Cassini* (2004-2017) ont parcouru respectivement les systèmes jovien et saturnien – *Cassini* ayant même déposé un atterrisseur sur Titan, la lune de Saturne en 2004, qui a révélé un monde recouvert de lacs d'hydrocarbures liquides. En 2011, pendant son orbite autour de Mercure, *Messenger* a entamé quatre années d'observation. Cependant, c'est Mars qui a reçu le plus d'attention avec les rovers *Spirit* et *Opportunity* arrivés en 2004, ainsi que *Curiosity* qui a atterri en 2012. *Spirit* s'est ensablé en 2010, mais les deux autres continuent d'explorer la planète rouge.

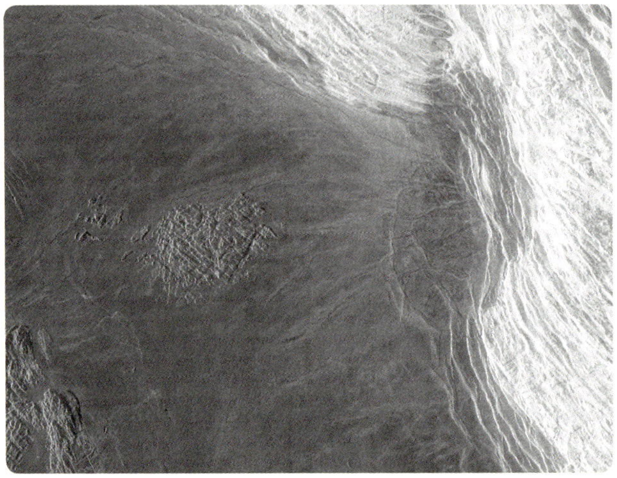

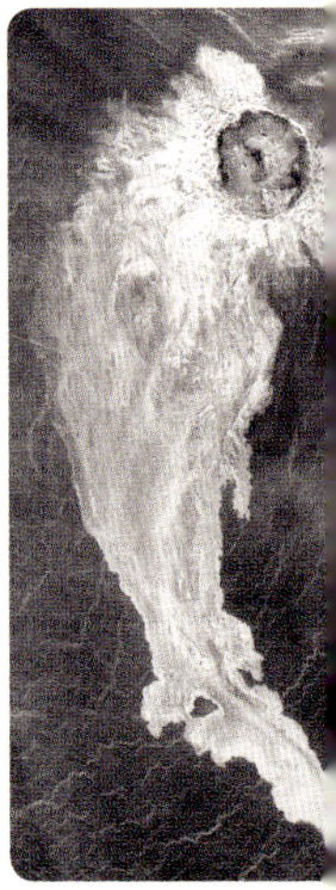

▲ En haut : *Voyager 1* a capturé les incroyables anneaux de Saturne en 1980 après avoir visité Jupiter.

▸ En bas : le radar de *Magellan* a repéré de grandes coulées de lave sur toute la surface de Vénus.

▸ Page ci-contre : *Galileo* a photographié Encelade, satellite naturel de Saturne, recouvert d'une épaisse croûte de glace sous laquelle se trouve un océan contenant deux fois plus d'eau liquide que la Terre.

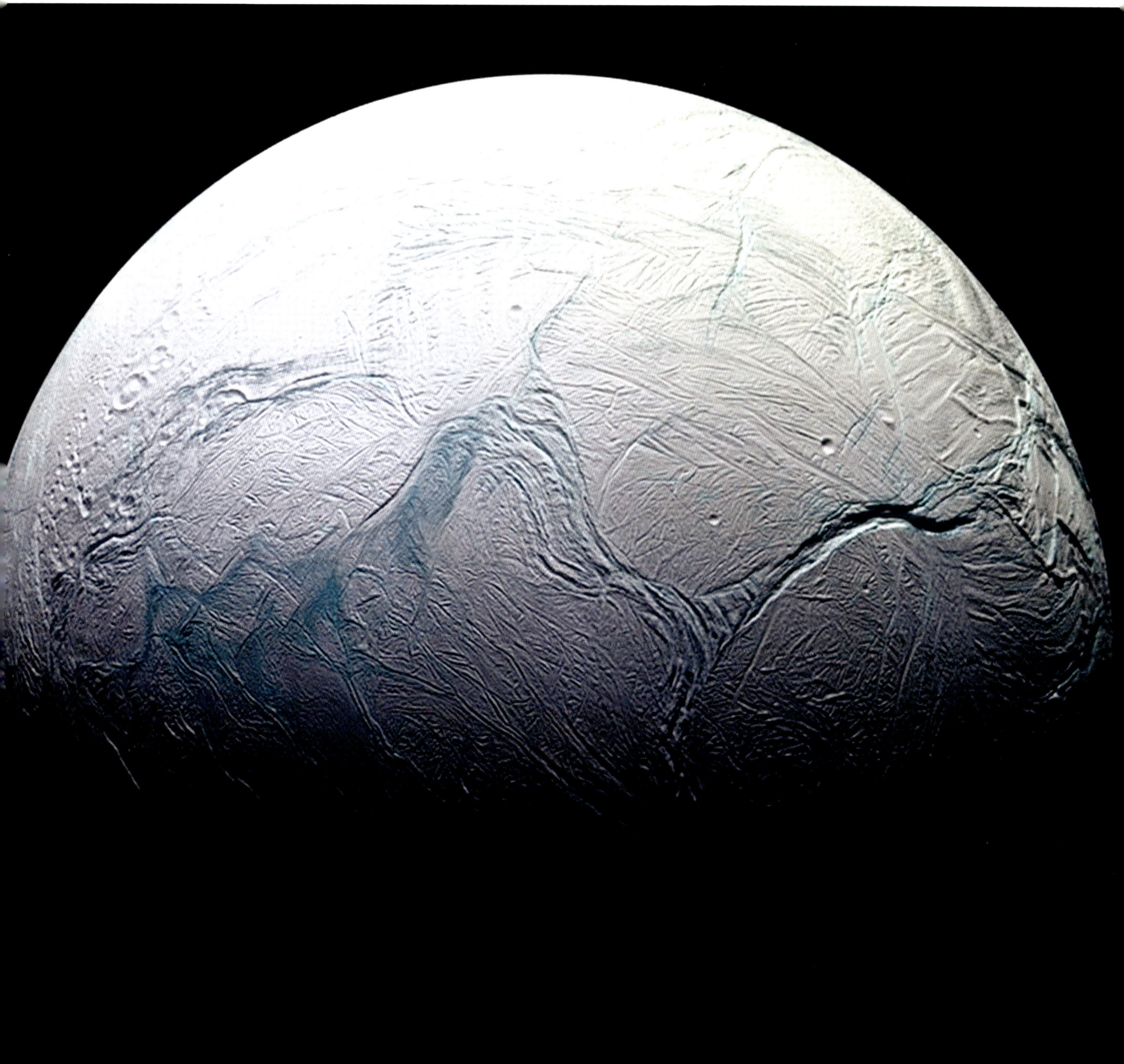

PISCES
ARIES
AQUARIUS
Triangulum
TAURUS
Caput Medusæ
Andromeda
Pegasus
Equuleus
Delphinus
CAPRICORNUS
Cassiopea
Cepheus
Cygnus
Perseus
Antinous
Aquila
Auriga Erichtonius
Lira
SAGITTARIUS
Vrsa minor
Vrsa maior Calisto
Dubhe
Draco
Engonasi Hercules
Corona Bor.
Serpentarius Ophiuchus
Coma Berenices
Bootes
Arcturus
Serpens
SCORPIUS
LEO
VIRGO
LIBRA
HYPOTHESIS PTOLEMAICA
HYPOTHESIS COPERNICANA
Sol
CAPRICORNUS
Indus
Grus
Corona australis
SAGITTARIUS
SCORPIUS
Ara, Thuribulum
Fera, Lupus
LIBRA

Des dessins dans le ciel

Des étoiles par milliers éclairent depuis le ciel nocturne, cette obscurité qu'est l'espace. Elles semblent dispersées au hasard dans toutes les directions. À première vue, le ciel semble donc un peu confus. Mais observez-le pendant un temps et vos yeux commenceront vite à discerner un certain ordre dans l'apparent chaos des étoiles.

Vous remarquerez que certaines étoiles sont plus brillantes que d'autres et qu'elles semblent créer des motifs reconnaissables. Si vous regardez la même région du ciel à peu près à la même heure plusieurs nuits de suite, vous retrouverez les mêmes dessins.

Ce sont les « constellations ». Elles constituent un moyen inestimable pour se guider dans le ciel nocturne comme le faisaient nos lointains ancêtres qui voyaient à peu près le même ciel que nous aujourd'hui. Ce sont eux qui ont baptisé la plupart des constellations, Orion, Scorpion, Baleine, Cassiopée, Centaure, et qui les ont associées avec les personnages héroïques, magnifiques, fantastiques et monstrueux de leurs mythes et légendes épiques et souvent truculents.

◂ Carte des étoiles en couleur datant du début du XVIIIe siècle et montrant quelques-unes des constellations de l'hémisphère céleste Nord.

Les constellations

Les astronomes reconnaissent 88 constellations, d'Andromède (Andromeda) au Petit Renard (Vulpecula). La plupart nous accompagnent depuis les prémices de l'astronomie à Babylone et en Égypte il y a plus de 5 000 ans. Les astronomes des civilisations suivantes en ont ajouté de nouvelles au fur et à mesure, et les plus récentes datent du XVIIIe siècle.

Les Grecs connaissaient 48 constellations. Ils leur ont donné des noms correspondant au dessin tracé par les constellations. Ici, c'est un scorpion avec sa queue recourbée prêt à frapper, là un lion accroupi, ailleurs un archer, des jumeaux ou une femme enchaînée. Certaines constellations ressemblent effectivement aux personnages qu'elles sont censées représenter, notamment le scorpion et le lion. Mais, dans la plupart des cas, la ressemblance est loin d'être évidente !

LES CONSTELLATIONS PERMANENTES

Les constellations semblent ne jamais changer. Elles paraissent identiques pendant toute notre vie et pour les millénaires à venir. C'est loin d'être le cas.

À quelques exceptions près, les étoiles dans les constellations ne se trouvent pas toutes à la même distance. Si nous les voyons comme un groupe, c'est uniquement parce qu'elles se trouvent dans la même direction dans l'espace.

De même, toutes les étoiles ne sont pas fixées à un endroit, elles se déplacent dans des directions différentes. Nous ne percevons pas qu'elles bougent au fil du temps parce qu'elles sont trop loin de nous. Cependant, au cours de dizaines de milliers d'années, elles vont changer de position dans le ciel. Et puis, un jour, le scorpion et le lion, l'archer et la femme enchaînée, les chiens et les ourses qui habitent les cieux d'aujourd'hui seront de l'histoire ancienne...

Ci-dessus : les astronomes de l'Antiquité représentaient Orion sous les traits d'un puissant chasseur, le bras droit levé, prêt à frapper avec son gourdin.

À gauche : l'une des plus belles constellations, l'immanquable Orion.

Page ci-contre : cette impressionnante image montre la nébuleuse d'Orion (M42), un immense nuage cosmique de gaz interstellaire dans l'Épée d'Orion, située au sud du trio d'étoiles brillantes formant le Baudrier d'Orion.

La voûte céleste

Nos ancêtres représentaient le ciel comme une vaste sphère entourant la Terre et il est facile de comprendre pourquoi. Quel que soit l'endroit où l'on se trouve sur la Terre, le ciel nocturne nous enveloppe comme un vaste dôme obscur dont l'intérieur est parsemé d'étoiles. Comme le ciel apparaît partout sous la forme d'un dôme, le ciel doit donc être une sphère autour de la Terre, une grande sphère céleste. Cette sphère, bien entendu, tourne, emportant avec elle les étoiles – c'est ce qu'il se passe tous les soirs. Elle tourne d'est en ouest puisque c'est le sens qu'empruntent les étoiles la nuit et le Soleil la journée.

Toutefois, la rotation de la sphère céleste n'est qu'une illusion. En réalité, le ciel s'étend jusqu'à des distances insondables dans l'espace, des distances mesurées en années-lumière, une unité correspondant à des millions de millions de kilomètres. Le mouvement est-ouest des étoiles dans le ciel la nuit, et du Soleil la journée, se produit parce que la Terre tourne dans l'espace d'ouest en est.

Une illusion peut-être, mais le concept de sphère céleste est loin d'être dépassé. Cette notion reflète en effet avec précision notre vision du ciel et fournit aux astronomes un moyen de localiser les étoiles. En utilisant la géométrie d'une sphère, ils localisent chaque étoile avec un système de coordonnées (quadrillage) similaire aux lignes de latitude et aux méridiens de longitude que les géographes emploient pour situer les lieux sur la sphère terrestre. La sphère céleste possède aussi une ligne équivalente à l'équateur terrestre, une ligne imaginaire à mi-chemin entre les pôles Nord et Sud. L'équateur céleste est donc une ligne à mi-chemin entre les pôles célestes Nord et Sud. Les étoiles se déplacent parallèlement à l'équateur céleste et la ligne divise la sphère céleste en un hémisphère céleste Nord et un hémisphère céleste Sud.

La sphère céleste imaginaire autour de la Terre. Elle semble tourner autour de notre planète d'est en ouest.

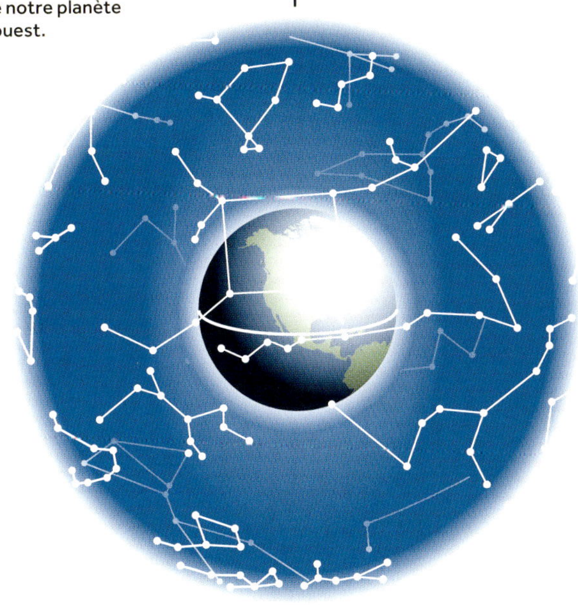

Par souci pratique, nous divisons la sphère céleste en deux moitiés, ou hémisphères : les hémisphères célestes Nord et Sud.

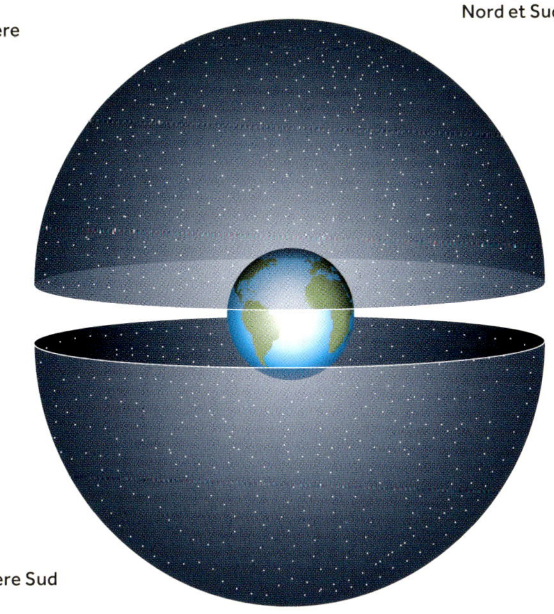

Les 88 constellations

Liste des constellations par ordre alphabétique latin et cartes montrant la position des principales constellations (en gras dans la liste) dans les hémisphères célestes Nord et Sud.

1 **Andromeda (Andromède)**
2 Antlia (la Machine pneumatique)
3 Apus (l'Oiseau de Paradis)
4 Aquarius (le Verseau)
5 Aquila (l'Aigle)
6 Ara (l'Autel)
7 Aries (le Bélier)
8 **Auriga (le Cocher)**
9 **Boötes (le Bouvier)**
10 Caelum (le Burin)
11 Camelopardalis (la Girafe)
12 Cancer (le Cancer)
13 Canes Venatici (les Chiens de chasse)
14 Canis Major (le Grand Chien)
15 Canis Minor (le Petit Chien)
16 **Capricornus (le Capricorne)**
17 Carina (la Carène)
18 **Cassiopeia (Cassiopée)**
19 **Centaurus (le Centaure)**
20 **Cepheus (Céphée)**
21 Cetus (la Baleine)
22 Chameleon (le Caméléon)
23 Circinus (le Compas)
24 Columba (la Colombe)
25 Coma Berenices (la Chevelure de Bérénice)
26 Corona Australis (la Couronne australe)
27 Corona Borealis (la Couronne boréale)
28 Corvus (le Corbeau)
29 Crater (la Coupe)
30 **Crux (la Croix du Sud)**
31 **Cygnus (le Cygne)**
32 Delphinus (le Dauphin)
33 Dorado (la Dorade)
34 **Draco (le Dragon)**
35 Equuleus (le Petit Cheval)
36 **Eridanus (l'Éridan)**
37 Fornax (le Fourneau)
38 **Gemini (les Gémeaux)**
39 **Grus (la Grue)**
40 **Hercules (Hercule)**
41 Horologium (l'Horloge)
42 Hydra (l'Hydre)
43 **Hydrus (l'Hydre mâle)**
44 Indus (l'Indien)

45 Lacerta (le Lézard)
46 Leo (le Lion)
47 Leo Minor (le Petit Lion)
48 Lepus (le Lièvre)
49 Libra (la Balance)
50 Lupus (le Loup)
51 Lynx (le Lynx)
52 **Lyra (la Lyre)**
53 Mensa (la Table)
54 Microscopium (le Microscope)
55 Monoceros (la Licorne)
56 Musca (la Mouche)
57 Norma (la Règle)
58 Octans (l'Octant)
59 Ophiuchus (le Serpentaire)
60 Orion (Orion)
61 Pavo (le Paon)
62 Pegasus (Pégase)
63 **Perseus (Persée)**
64 **Phoenix (le Phénix)**
65 Pictor (le Peintre)
66 Pisces (les Poissons)
67 **Piscis Austrinus (le Poisson austral)**
68 **Puppis (la Poupe)**
69 Pyxis (la Boussole)
70 Reticulum (le Réticule)
71 Sagitta (la Flèche)
72 **Sagittarius (le Sagittaire)**
73 **Scorpius (le Scorpion)**
74 Sculptor (le Sculpteur)
75 Scutum (l'Écu)
76 Serpens (le Serpent)
77 Sextans (le Sextant)
78 Taurus (le Taureau)
79 Telescopium (le Télescope)
80 Triangulum (le Triangle)
81 **Triangulum Australe (le Triangle austral)**
82 Tucana (le Toucan)
83 **Ursa Major (la Grande Ourse)**
84 **Ursa Minor (la Petite Ourse)**
85 **Vela (les Voiles)**
86 Virgo (la Vierge)
87 Volans (le Poisson volant)
88 Vulpecula (le Petit Renard)

Observer les constellations

Le nombre exact de constellations que vous pourrez voir dans le ciel dépend de nombreux facteurs. L'un d'entre eux est l'heure de l'observation. Comme la Terre tourne autour de son axe, les étoiles se déplacent dans le ciel. Ainsi, pendant toute la nuit, les étoiles se lèvent, traversent le ciel et se couchent. Les constellations qui étaient visibles au début de la nuit peuvent avoir disparu avant le lever du Soleil le lendemain matin.

Comme la Terre est ronde, les personnes vivant à des latitudes différentes (distance par rapport à l'équateur) verront différents ciels nocturnes. Des observateurs en France par exemple auront l'habitude de voir des groupes d'étoiles du grand Nord comme la Grande Ourse (Ursa Major) et Cassiopée (Cassiopeia). En revanche, ils ne pourront jamais voir les constellations du Sud comme la Croix du Sud (Crux). À l'inverse, pour les Australiens, la Croix du Sud est une constellation familière alors qu'ils n'apercevront jamais le Grand Chariot, ni l'étoile Polaire.

Page ci-contre : le ciel nocturne est densément peuplé d'étoiles et de nébuleuses.

La Grande Ourse et la Petite Ourse : des constellations clés pour trouver votre chemin dans le ciel.

Observation du pôle céleste Sud.

Le ciel nocturne vu depuis une latitude équatoriale.

Trajet des étoiles quand on les observe sous une latitude moyenne dans l'hémisphère Nord

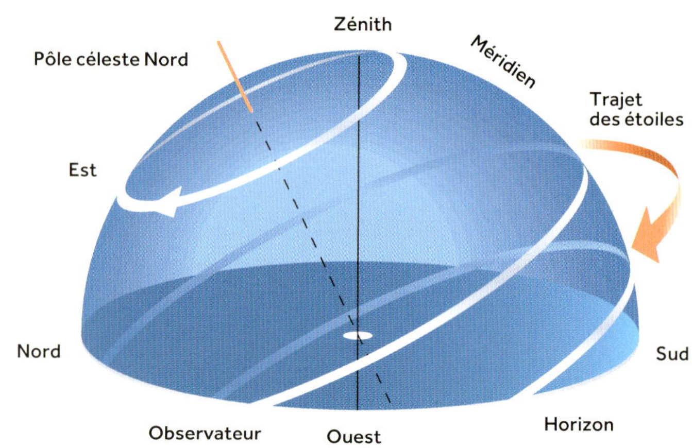

LE MOUVEMENT DU CIEL

L'endroit où vous vivez sur Terre détermine non seulement les étoiles que vous voyez, mais aussi la façon dont vous les voyez bouger dans le ciel. Si vous vivez à une latitude moyenne dans l'hémisphère Nord, par exemple dans l'ouest de l'Europe ou aux États-Unis, les étoiles se déplacent comme sur le schéma A (à droite). Elles se lèvent au-dessus de l'horizon à l'est, traversent le ciel en faisant un arc et se couchent finalement sous l'horizon à l'ouest. Si vous regardez vers le nord, les étoiles semblent tourner en cercle dans le sens inverse des aiguilles d'une montre autour du pôle céleste Nord et près de l'étoile Polaire. Si vous regardez vers le sud, elles font un arc dans le sens des aiguilles d'une montre d'est en ouest et culminent (atteignent leur apogée) dans le ciel au sud (schéma B).

À d'autres endroits, vous pourriez voir les étoiles se déplacer d'une manière différente. Aux pôles Nord et Sud par exemple, les étoiles se déplacent parallèlement à l'horizon. Sur l'équateur, elles se lèvent et se couchent à la verticale. L'équateur est d'ailleurs l'un des meilleurs endroits pour observer les étoiles. Pendant l'année, un observateur situé à cet endroit serait capable de voir toutes les constellations dans le ciel à un moment ou un autre, un luxe inaccessible sous d'autres latitudes.

A Quand on regarde vers le sud, les étoiles dessinent un arc dans le ciel d'est en ouest.

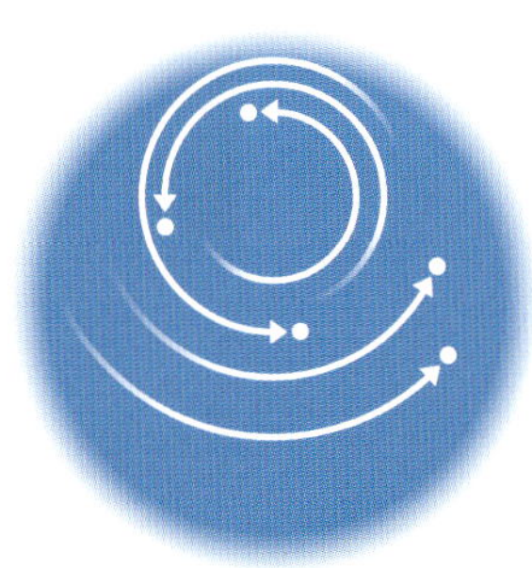

B Quand on regarde vers le nord, les étoiles font le tour de l'étoile Polaire.

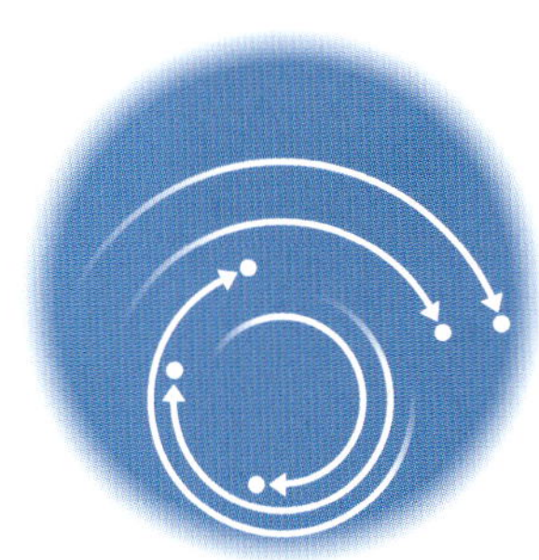

Les jours stellaires sont un peu plus courts que les jours normaux.

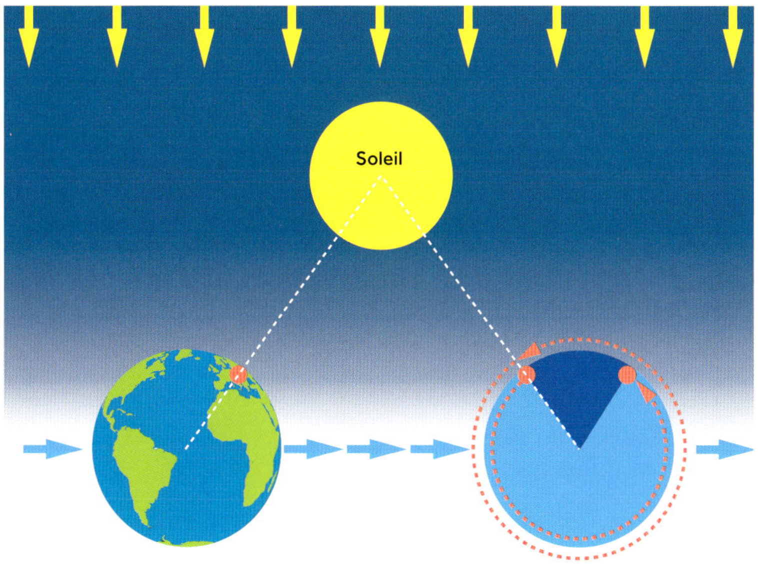

LA TRAJECTOIRE DU SOLEIL

Bien que nous sachions que la Terre tourne autour du Soleil chaque année, depuis notre point de vue terrestre, le Soleil semble effectuer un grand cercle autour du ciel, autour de la sphère céleste. C'est ce que l'on appelle l'écliptique.

La Lune et les planètes se déplacent dans le ciel à l'intérieur d'une bande imaginaire autour de l'écliptique. Cela se produit parce qu'elles se déplacent dans l'espace sur à peu près le même plan que la Terre. Cette bande imaginaire s'appelle le zodiaque et les 12 groupes d'étoiles qu'elle traverse sont appelés « constellations du zodiaque ». Le mot « zodiaque » signifie « cercle d'animaux » parce que la plupart des constellations portent des noms d'animaux comme le Taureau (Taurus) et le Bélier (Aries).

En astrologie, on pense que les personnes nées sous un signe donné possèdent des traits de caractère spécifiques et les positions des planètes dans le zodiaque influenceraient notre vie.

L'astronomie révèle les défauts fondamentaux de ce concept. Le Soleil traverse en fait 13 constellations durant sa trajectoire annuelle (la constellation supplémentaire étant le Serpentaire, Ophiuchus). Or, le zodiaque utilisé par les astrologues se base sur le trajet du Soleil dans le ciel à l'époque romaine. À cause de la précession, le mouvement conique de l'axe de rotation de la Terre, le Soleil traverse aujourd'hui les constellations environ un mois plus tôt, tous les signes sont donc désynchronisés.

JOUR STELLAIRE

Les étoiles traversent le ciel nocturne parce que la Terre tourne sur son axe, en faisant un tour complet toutes les 24 heures. Pour être précis, la Terre en rotation revient dans la même position par rapport au Soleil toutes les 24 heures : c'est le « jour solaire ». Cependant, tandis que la Terre tourne sur elle-même, elle parcourt aussi son orbite autour du Soleil. Ainsi, au bout de 24 heures, elle doit avoir tourné un tout petit peu plus qu'une fois dans l'espace pour se retrouver dans la même position par rapport au Soleil (voir schéma).

La Terre fait en réalité un tour complet dans l'espace en 23 heures et 56 minutes. C'est le temps de rotation réel de la Terre qui sert de base au temps « sidéral » – le temps mesuré par rapport aux étoiles et non au Soleil. Par conséquent, toutes les étoiles dans le ciel se lèvent, culminent et se couchent quatre minutes plus tôt chaque nuit par rapport au temps (solaire) normal. Mais si nous utilisons le temps stellaire, ou sidéral, les choses deviennent beaucoup plus simples. Le ciel qui tourne est en rythme avec ce décompte du temps. Une étoile donnée va toujours se lever, culminer et se coucher au même moment et elle se trouvera toujours dans la même position sur la sphère céleste à la même heure sidérale. En conséquence, c'est le temps sidéral que l'on utilise pour définir la longitude céleste (ascension droite). Le temps sidéral est également abordé page 52.

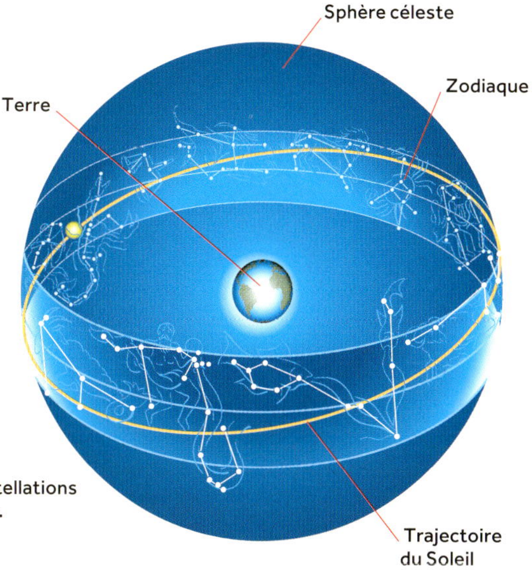

Le Soleil traverse les constellations du zodiaque chaque année.

Le système solaire

Il y a 4,6 milliards d'années, il n'y avait rien d'autre qu'un vaste nuage de poussière et de gaz froid dans notre minuscule recoin de l'univers. Les ondes de choc d'une supernova ont alors ébranlé le nuage déclenchant un processus inexorable qui a finalement abouti à la naissance du Soleil et aux corps qui parcourent l'espace avec lui.

Les membres les plus anciens du système solaire sont les planètes, des corps qui orbitent autour du Soleil. La Terre est l'un d'entre eux. Nous pouvons en voir cinq autres parcourir le ciel nocturne telles des étoiles errantes, et encore deux autres dans nos télescopes.

La plupart des planètes ont des compagnons appelés « satellites ». La Terre en possède un, la Lune. Les satellites des autres planètes sont en conséquence eux aussi appelés « lunes ». De nombreux autres corps peuplent l'espace interplanétaire. Les plus grands sont les « planètes naines » comme Pluton et Cérès, et les astéroïdes, mais ils sont tous trop distants pour que nous puissions les voir. Nous pouvons en revanche voir les comètes qui brillent parfois plus que les étoiles.

Les plus petits membres du système solaire sont les « météoroïtes », de petits morceaux de roche et de métal qui tombent en pluie sur la Terre en permanence comme les traînées lumineuses que l'on appelle météores.

◀ Une éjection de masse coronale solaire a failli toucher la Terre en 2012.

Photomontage de huit planètes v
depuis Mercure, avec certaines
de leurs lunes les plus grandes.

Les planètes du système solaire

De la plus proche à la plus lointaine du Soleil, les planètes sont Mercure, Vénus, la Terre, Mars, Jupiter, Saturne, Uranus et Neptune. L'illustration ci-dessous montre leurs orbites autour du Soleil. Les planètes intérieures sont relativement proches les unes des autres, celles de l'extérieur sont très distantes.

Il est difficile de se rendre compte de l'immensité du système solaire. La distance d'une extrémité de l'orbite de Neptune à l'autre est de presque 9 milliards de kilomètres. Pluton et la plupart des planètes naines se trouvent dans une ceinture de corps glacés au-delà de Neptune, tandis que les comètes sont tombées vers le Soleil depuis un « nuage » de corps similaires au bord du système qui se trouve à des années-lumière, presque à mi-chemin des étoiles les plus proches.

TENIR ENSEMBLE

Le Soleil est très massif, il possède une masse 333 000 fois supérieure à celle de la Terre et 750 fois plus grande que celle de tous les autres corps du système solaire cumulés. Il possède par conséquent une immense force d'attraction dont l'influence s'étend à des milliards de kilomètres.

RAYONNEMENT SOLAIRE

Le Soleil est le seul corps du système solaire à produire et émettre sa propre lumière. Les autres planètes, leurs lunes et la myriade d'autres corps de l'espace interplanétaire ne sont visibles que parce qu'ils reflètent la lumière du Soleil.

▼ La Terre est la plus grande des quatre planètes rocheuses au cœur du système solaire. Les quatre planètes extérieures et Pluton, la plus grande des planètes naines, se trouvent très loin et sont séparées par de grandes distances.

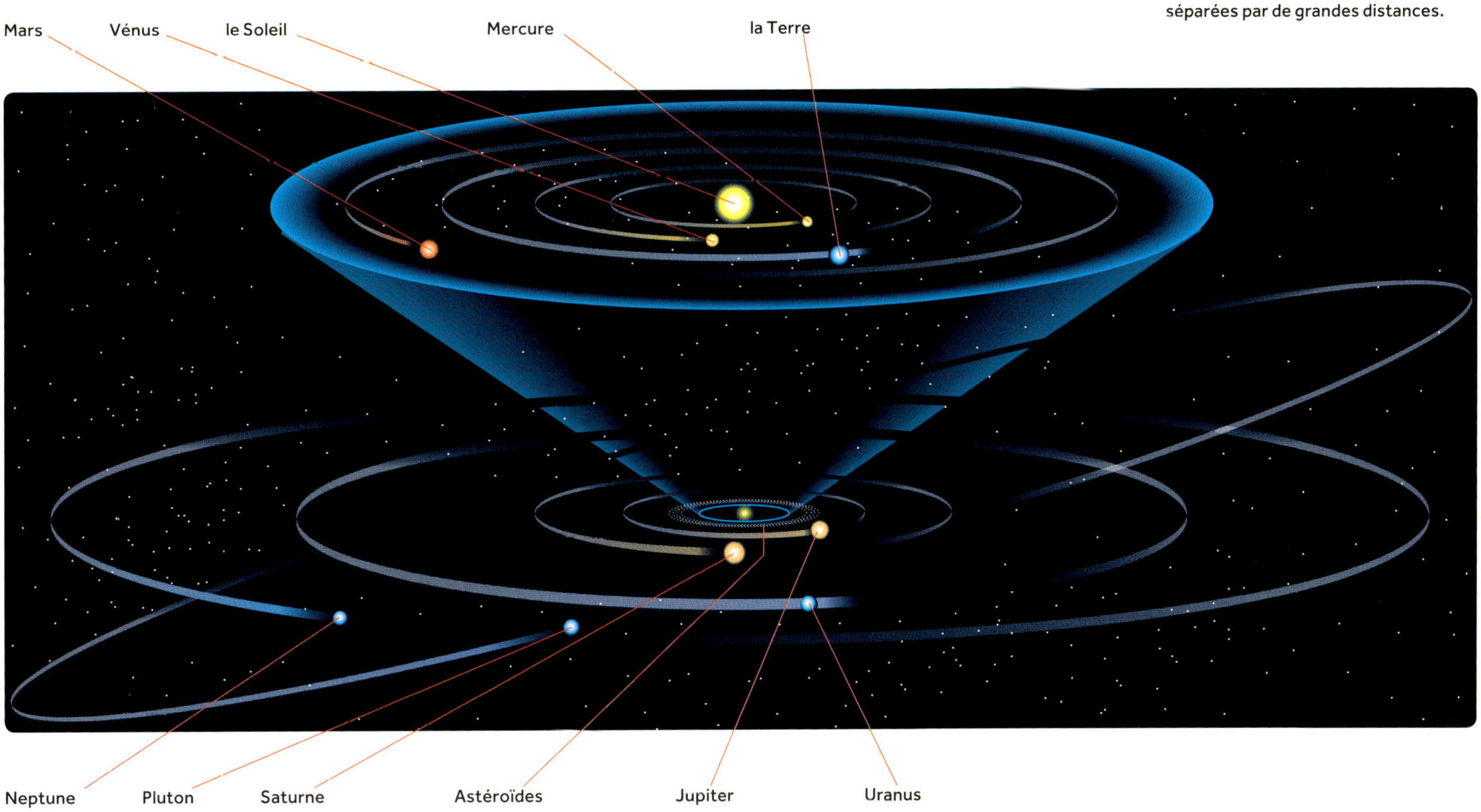

Le Soleil, une étoile

On trouve dans de nombreux jeux la question piège suivante : quelle est l'étoile la plus proche de la Terre ? De nombreuses personnes répondent : Proxima Centauri. Elles ont tort. L'étoile la plus proche de nous traverse le ciel chaque jour, c'est le Soleil.

Le Soleil est une étoile, une masse brûlante de gaz incandescent qui libère de fantastiques quantités d'énergie dans l'espace sous forme de lumière, de chaleur et d'autres types de rayonnement. Alors que la lumière des autres étoiles les plus proches de nous prend quatre ans pour atteindre la Terre, la lumière du Soleil éclaire notre monde en huit minutes environ.

Comme les étoiles standard, le Soleil est principalement composé d'hydrogène et d'hélium. Mais il contient aussi des traces de 70 des 90 éléments présents sur Terre.

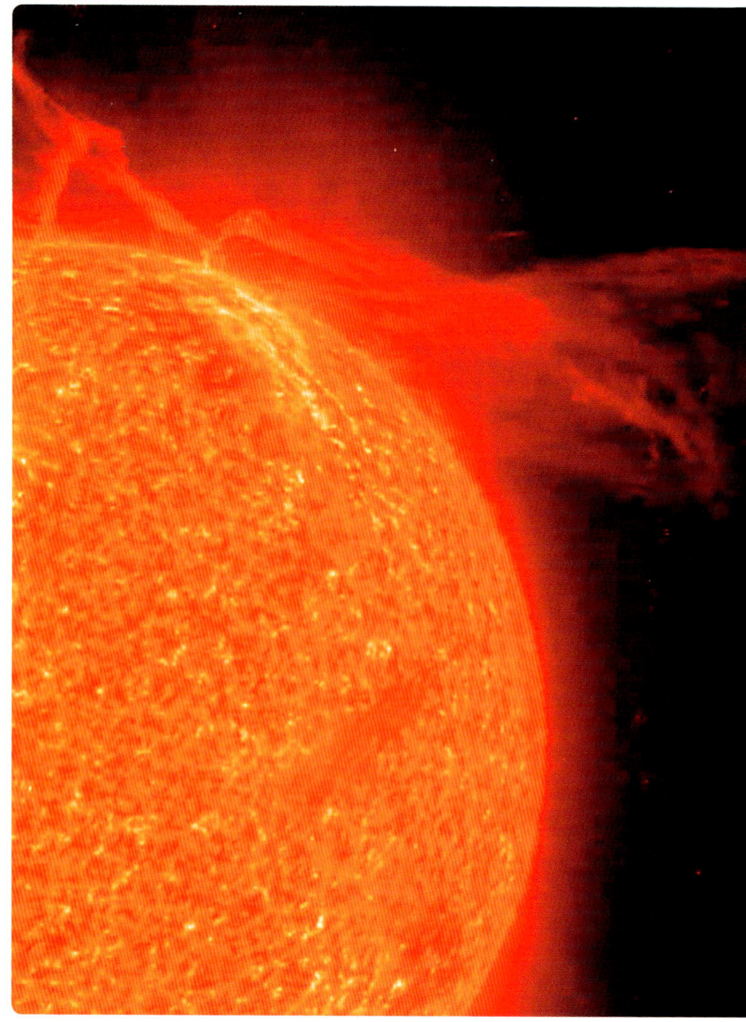

DANS LA FOURNAISE SOLAIRE

L'énergie qui fait briller le Soleil est produite en son centre, dans son noyau où des réactions nucléaires ont lieu sous une pression immense et à des températures de millions de degrés. Les noyaux des atomes d'hydrogène fusionnent pour former des atomes d'hélium. Les formidables quantités d'énergie générées dans cette fusion nucléaire sont équivalentes à des millions de bombes à hydrogène explosant toutes les secondes.

L'énergie produite dans le noyau rayonne très lentement dans le plasma dense et prend 100 000 ans pour se rapprocher de la surface, appelée « photosphère ».
L'énergie rayonne ensuite dans l'espace depuis la photosphère. Un flux constant de particules électrifiées s'échappe également de la surface et s'écoule dans l'espace, formant ce que l'on appelle le « vent solaire ». La température à la surface du Soleil est d'environ 5 500 °C ce qui en fait une étoile moyennement chaude qui émet une lumière jaune. Les astronomes classifient le Soleil comme une « naine jaune » de groupe spectral G2.

▲ L'extraordinaire puissance du Soleil est visible chaque jour sur la Terre.

◀ Page ci-contre : de grosses protubérances solaires jaillissent du Soleil.

L'ATMOSPHÈRE DU SOLEIL

Au-dessus de la photosphère, le Soleil possède une atmosphère composée de gaz plus fins. Il y a d'abord la « chromosphère », puis la « couronne », l'atmosphère externe. Elle s'étend sur des millions de kilomètres et devient de plus en plus fine jusqu'à se fondre dans l'espace. La chromosphère et la couronne solaire ne sont en général pas visibles à cause de la brillance extrême de la photosphère. Elles ne sont visibles que pendant les éclipses totales du Soleil (voir page 38).

TEMPÊTE SOLAIRE

La surface du Soleil est une masse bouillonnante de gaz ardents. Sur les photographies, elle a une apparence granuleuse, chaque granule représentant une poche de gaz émergent. De temps en temps, des taches plus sombres apparaissent. Ces taches solaires vont et viennent sur une période d'environ 11 ans appelée « cycle solaire ». Elles semblent foncées parce qu'elles sont environ 1 000 °C plus froides que le reste de la surface.

Les taches plus brillantes que la normale correspondent à d'immenses explosions appelées « éruptions » ou « tempêtes » solaires. Elles émettent un vent solaire puissant qui engendre de magnifiques aurores boréales ou australes sur la Terre. Cependant, les protubérances solaires, d'immenses jaillissements de gaz enflammé dans la chromosphère qui suivent les boucles invisibles du puissant champ magnétique solaire, restent de loin les phénomènes les spectaculaires.

Éclipse de Soleil

Le Soleil, la Terre et la Lune se déplacent à peu près sur le même plan dans l'espace, il y a donc des moments où ils sont parfaitement alignés. Cela se produit environ deux ou trois fois par an. Dans certains cas, la Lune se place entre le Soleil et la Terre, dans d'autres c'est la Terre qui se retrouve entre le Soleil et la Lune.

Par coïncidence, la Lune apparaît presque exactement de la même taille que le Soleil dans notre ciel. Elle est en réalité 400 fois plus petite que le Soleil, mais aussi 400 fois plus proche. Par conséquent, quand la Lune se trouve entre le Soleil et la Terre, elle recouvre le Soleil et masque sa lumière. C'est une « éclipse solaire ».

UNE EXPÉRIENCE TOTALE

Les éclipses solaires totales sont l'un des spectacles les plus impressionnants sur Terre. Lorsque la Lune commence à traverser le Soleil, la lumière diminue progressivement, puis c'est le crépuscule. En quelques secondes, l'éclipse devient totale et l'obscurité se fait. La nuit tombe soudainement et l'air rafraîchit.

Le halo blanc perlé de l'atmosphère externe du Soleil, la couronne, devient visible en intégralité. Mais le spectacle prend vite fin, les éclipses ne durent jamais plus de quelques minutes. Le pourtour de la lune s'éclaire et un collier de lumière solaire réapparaît, qui ressemble à une bague en diamant étincelante. En quelques secondes, le jour revient.

Les éclipses totales peuvent être vues le long d'une « bande de totalité » créée par l'ombre de la Lune qui progresse à une vitesse de plus de 1 600 km/h. Comme la Lune ne projette qu'une petite ombre dans l'espace, cette bande ne mesure jamais plus de 270 km de large.

ÉCLIPSE DE LUNE

Quand la Terre se déplace entre le Soleil et la Lune, elle projette son ombre sur la Lune ce qui crée une éclipse lunaire. Une éclipse lunaire peut durer plus de deux heures. Cependant la Lune ne disparaît jamais complètement à cause de la lumière réfractée autour de la Terre par l'atmosphère. Elle prend souvent une teinte rosée ou orangée.

Cliché de l'éclipse solaire pris en mars 2015 par le satellite PROBA-2 de l'Agence spatiale européenne.

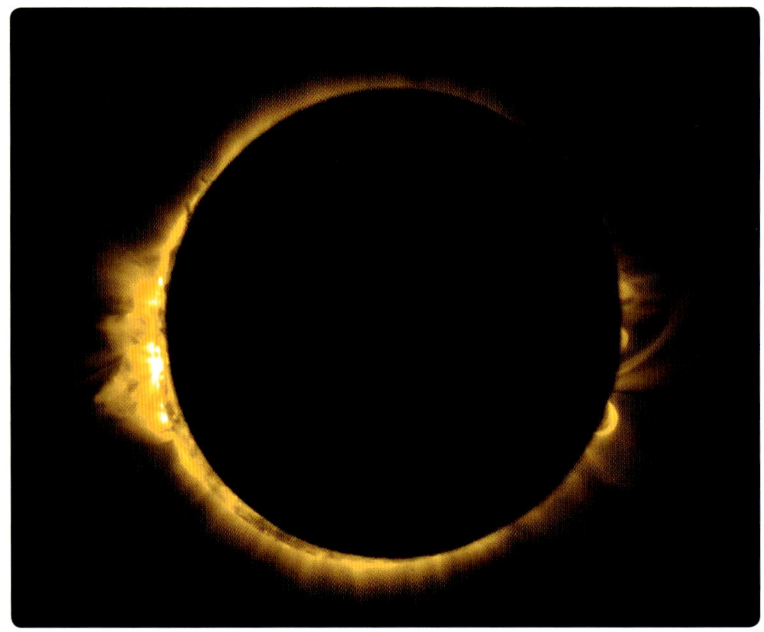

En bas à gauche : la Lune éclairée par de la lumière rouge brillant à travers l'atmosphère terrestre pendant une éclipse solaire.

En bas à droite : la Lune « mord » le Soleil pendant les éclipses de Soleil partielles.

La Lune, reine de la nuit

La Lune est notre compagne la plus proche dans l'espace, elle est environ 100 fois plus proche de nous que la planète la plus proche, Vénus. C'est un corps céleste assez petit, avec un diamètre d'environ un quart de celui de la Terre et elle ne fait qu'un sixième de sa masse. Elle possède une gravité très faible qui ne lui permet pas d'avoir une atmosphère.

Pendant le jour lunaire, qui dure deux semaines terrestres, les températures peuvent dépasser 120 °C. Pendant la nuit lunaire, de même durée, elles peuvent descendre jusqu'à -150 °C.

DES NUAGES PARMI LES ÉTOILES

Comme toutes les lunes, la nôtre a deux mouvements dans l'espace. Elle tourne d'une part autour de son axe comme une toupie et d'autre part, autour de sa planète mère. La Lune tourne autour de son axe tous les 27 jours 1/3. Il lui faut le même laps de temps pour faire le tour de la Terre. Par conséquent, la Lune nous présente toujours la même face. On dit que la Lune est en « rotation captive » et c'est loin d'être une caractéristique unique. Mercure est liée au Soleil de la même manière.

▼ Une « superlune de sang bleue » près du Armstrong Flight Research Center de la NASA en Californie.

Les changements de la Lune

La Lune ne brille que parce qu'elle reflète la lumière du Soleil. Alors que la Lune fait le tour de la Terre, nous en voyons différentes portions éclairées. Parfois, nous n'en voyons qu'un fin croissant, à d'autres moments un disque plein. Ce sont les « phases lunaires ».

La Lune traverse toutes ses phases en 29,5 jours, une période à l'origine de notre mois. Aujourd'hui, les mois calendaires ont été modifiés pour aligner le calendrier avec l'année terrestre.

DU CROISSANT À LA PLEINE LUNE

La première phase de la Lune est la « nouvelle Lune », la Lune est alors invisible ! En effet, le Soleil éclaire alors la face cachée de la Lune. Après un jour ou deux, un croissant de lumière apparaît sur le contour de la Lune. Il grandit au fil des jours et, une semaine après la nouvelle Lune, on voit un demi-cercle, appelée premier quartier. Une semaine plus tard, la Lune est un disque plein, c'est la Pleine Lune. Quand elle grandit, la Lune est dite ascendante. Au cours des deux semaines suivantes, la Lune est descendante, elle diminue jusqu'à redevenir un disque invisible.

LES MARÉES

La gravité de la Lune est assez forte pour tirer et repousser l'eau des océans du centre de la Terre. Cela crée une marée haute directement à l'endroit où la Lune se trouve quand la Terre tourne sur son axe. Les marées basses à l'inverse sont causées par l'eau qui se retire sous l'effet de la gravitation lunaire. Il y a alors une marée haute de l'autre côté de la Terre du fait de l'inertie de l'eau.

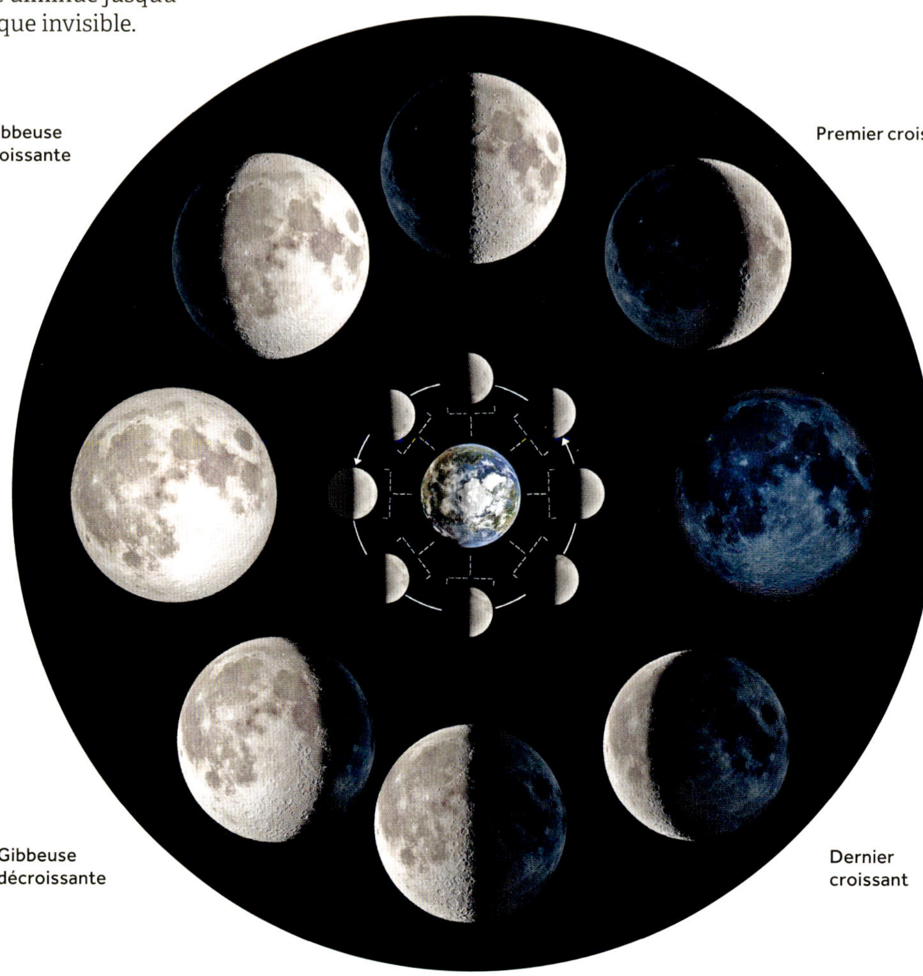

Les phases de la Lune

Observation de la Lune

Les mers principales et les grands cratères de l'hémisphère Ouest de la Lune. Les sites d'atterrissage d'*Apollo* sont également indiqués.

Les mers principales et les grands cratères de l'hémisphère Est de la Lune. Les sites d'atterrissage d'*Apollo* sont également indiqués.

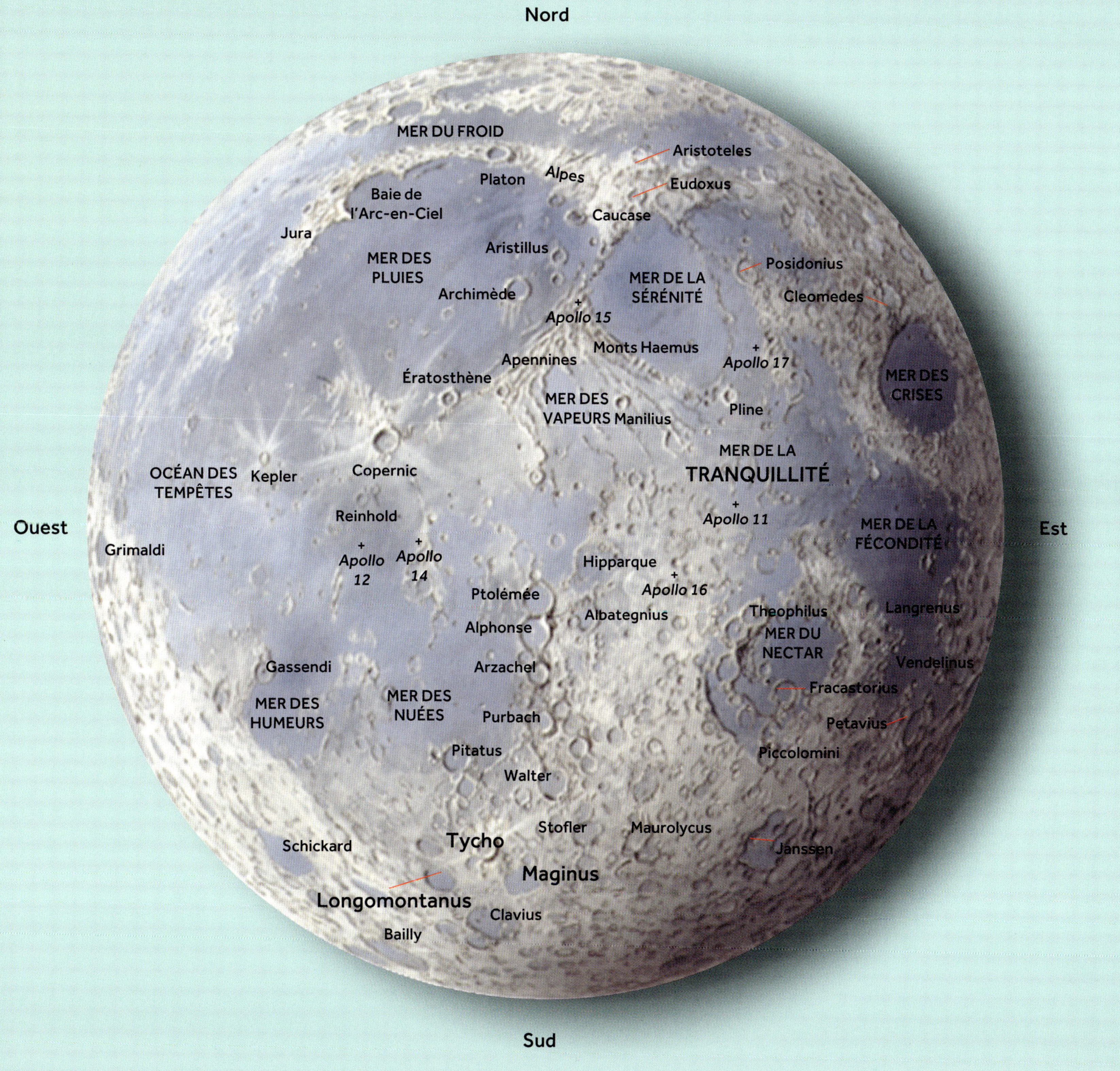

Paysages lunaires

La Lune est si proche de nous que nous pouvons en discerner deux caractéristiques à l'œil nu : des zones sombres et des zones claires. Les premiers astronomes les appelaient *maria* (« mers » en latin) et *terrae* (« terre »). Quand les télescopes ont fait leur apparition, il est apparu que les zones foncées étaient des plaines, sans une goutte d'eau. Néanmoins, nous les appelons toujours *maria* ou mers.

Les mers sont les plus grandes formations sur la Lune. L'océan des Tempêtes (Oceanus Procellarum) à lui seul est aussi grand que la mer Méditerranée. Il s'agit d'une ancienne coulée de lave gigantesque. Comme les autres mers, il possède beaucoup moins de cratères que les régions montagneuses de couleur claire. Les mers sont donc plus jeunes. On pense que les montagnes font partie de la croûte originelle de la Lune. De nombreuses mers sont circulaires et ont été formées lorsque la lave a coulé dans d'immenses cratères existants, certains ayant près de 3 milliards d'années. De grandes chaînes de montagnes encerclent la plupart des cratères, s'érigeant à des hauteurs supérieures à 5 000 mètres.

Vue de biais de la mer de la Tranquillité.

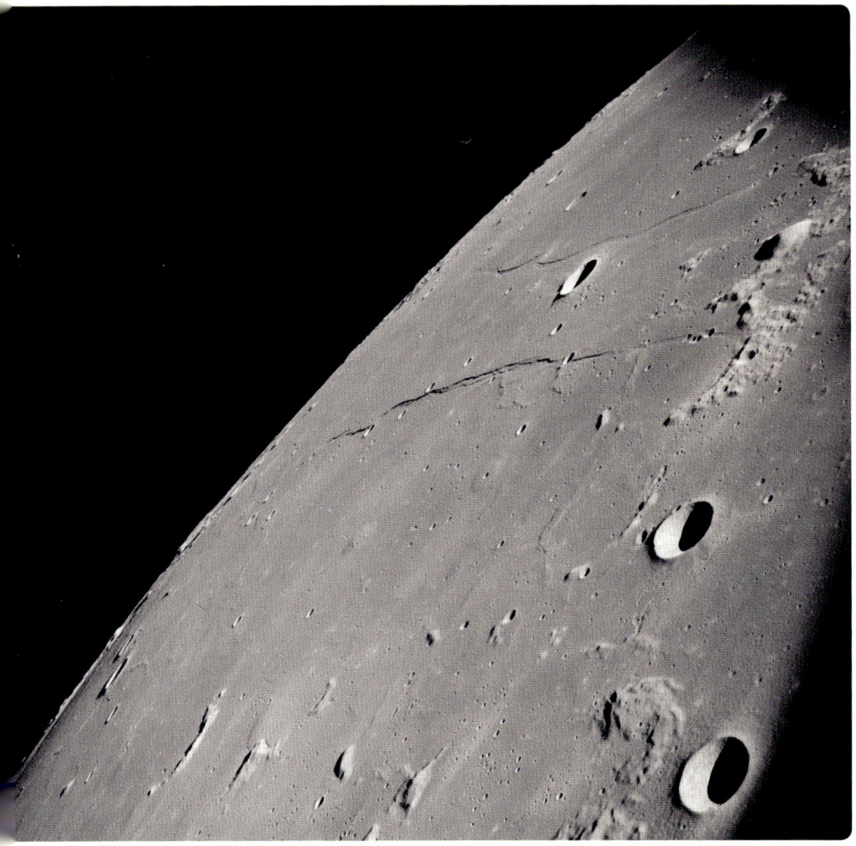

Extraordinaire cliché de la Lune avec la Terre en arrière-plan pris depuis une mission *Apollo* en orbite.

DES CRATÈRES À PROFUSION

Les cratères parsèment le paysage lunaire même s'ils sont moins nombreux dans les mers. Les plus grands cratères mesurent plus de 250 km de diamètre. Ils possèdent des parois élevées qui plongent en terrasses vers un sol meuble au-dessus du niveau du sol environnant. On trouve en général une petite chaîne de montagnes au centre. En 1998, la sonde *Lunar Prospector* a détecté de grandes quantités de glace dans de profonds cratères près des pôles lunaires. Certains des cratères les plus récents se voient bien au moment de la Pleine Lune. Ils présentent des traits lumineux comme les rayons d'une roue. On les appelle des « rayons de cratère ». Ceux autour de Tycho sont particulièrement importants.

LES ORIGINES DE LA LUNE

La théorie privilégiée sur l'origine de la Lune veut qu'elle se soit formée lorsqu'un corps de grande taille a percuté la Terre juste après la formation des planètes il y a quelque 4 500 millions d'années. La Lune s'est formée à partir des matières rocheuses terrestres qui avaient été propulsées en orbite.

Les cratères Ératosthène (à gauche) et Copernic (à droite) dans la région située à l'est de l'océan des Tempêtes.

En bas, à gauche : vue d'en haut de la mer de la Tranquillité.

En bas, à droite : un petit cratère dans l'océan des Tempêtes.

SUR LA SURFACE

Les types de roche les plus courants sur la Lune sont le basalte et l'andésite, que l'on trouve aussi sur Terre. Le basalte noir recouvre les mers tandis que l'andésite se trouve dans les régions montagneuses plus anciennes. La surface de la Lune présente aussi des brèches composées de morceaux de vieilles roches amalgamées. Ce type de roche s'est formé lorsque des météorites ont fait exploser en morceaux les roches existantes en s'écrasant sur la surface de la Lune. La surface de la Lune est couverte de régolite, une poussière fine composée de roches réduites en poudre.

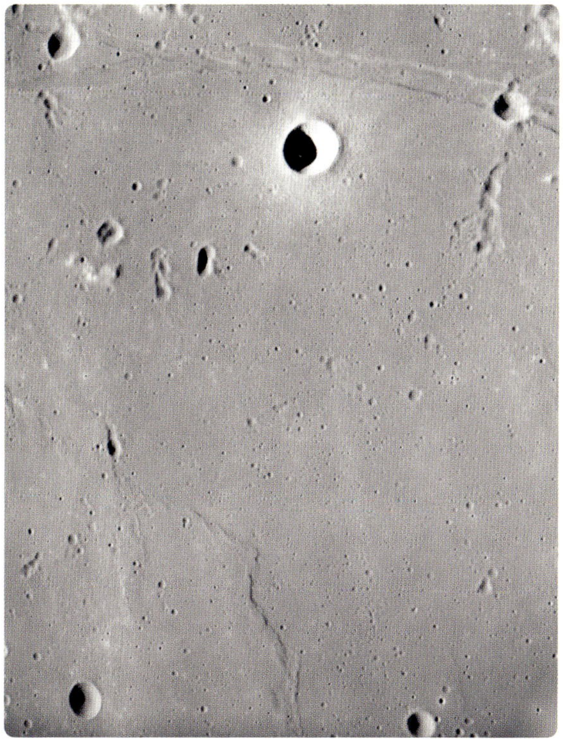

Portrait des planètes

Les huit planètes du système solaire sont remarquablement différentes les unes des autres. Mercure est un monde aride, couvert de cratères, calciné à feu vif par le Soleil tout proche. Vénus est encore plus chaude, avec une atmosphère oppressante et mortelle. La Terre est le joyau du système solaire, un monde coloré de mers bleues et de continents verdoyants, qui abrite des millions d'espèces de plantes et d'animaux d'une infinie diversité. Mars, la planète rouge, est un désert froid avec peu d'atmosphère.

Ces quatre planètes sont assez proches les unes des autres au centre du système solaire. Il y a ensuite un énorme fossé de presque 550 millions de kilomètres avant d'atteindre la planète suivante, Jupiter. C'est la première et la plus grande des planètes gazeuses du système solaire externe. Jupiter présente des bandes de nuages dans une atmosphère en rapide mouvement et orageuse. Saturne nous émerveille avec ses magnifiques anneaux brillants. Uranus et Neptune nous apparaissent toutes bleues et sont similaires en taille et en composition. La lointaine Pluton constitue une classe à part entière, c'est une boule congelée de glace et de roche.

MERCURE

Diamètre à l'équateur :	4 878 km
Distance moyenne du Soleil :	58 millions de km
Rotation complète sur son axe :	58 jours 16 heures
Orbite autour du Soleil :	88 jours
Lunes :	0

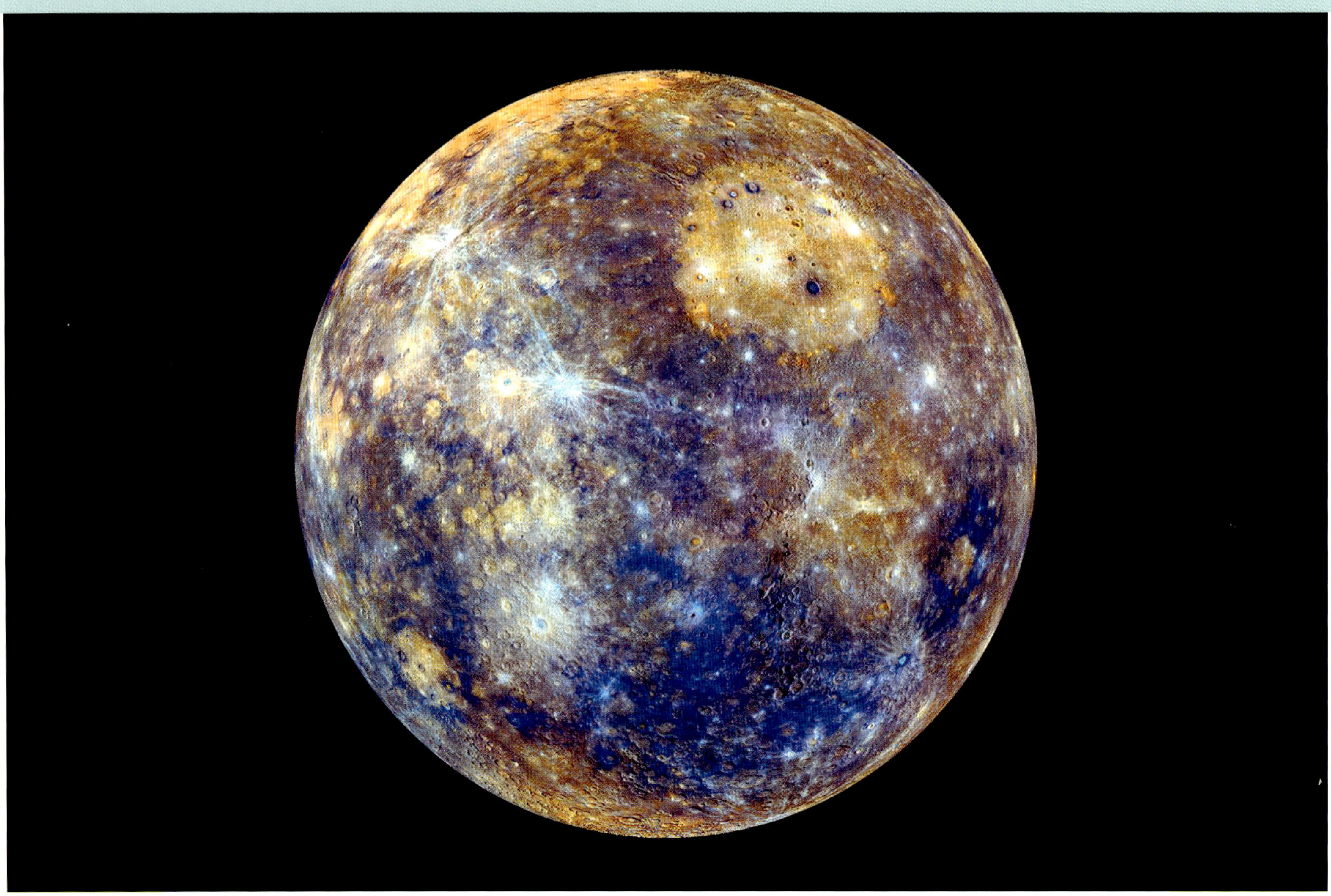

VÉNUS

Diamètre à l'équateur :	12 104 km
Distance moyenne du Soleil :	108 millions de km
Rotation complète sur son axe :	243 jours
Orbite autour du Soleil :	224,7 jours
Lunes :	0

TERRE

Diamètre à l'équateur :	12 756 km
Distance moyenne du Soleil :	149,6 millions de km
Rotation complète sur son axe :	23 heures 56 minutes
Orbite autour du Soleil :	365 jours 1/4
Lunes :	1

MARS

Diamètre à l'équateur :	6 794 km
Distance moyenne du Soleil :	228 millions de km
Rotation complète sur son axe :	24 heures 37 minutes
Orbite autour du Soleil :	687 jours
Lunes :	2

JUPITER

Diamètre à l'équateur :	143 000 km
Distance moyenne du Soleil :	778 millions de km
Rotation complète sur son axe :	9 heures 55 minutes
Orbite autour du Soleil :	11,9 ans
Lunes :	79

La planète Jupiter avec sa lune Io. Baptisée d'après le roi des dieux romains, Jupiter est un nom approprié pour cette incontestable planète royale.

SATURNE

Diamètre à l'équateur :	140 000 km
Distance moyenne du Soleil :	1 427 millions de km
Rotation complète sur son axe :	10 heures 33 minutes
Orbite autour du Soleil :	29,5 ans
Lunes :	62

▼ Saturne, l'une des planètes préfér
des astronomes, se trouve au mili
d'anneaux brillants que l'on peut v
au télescope.

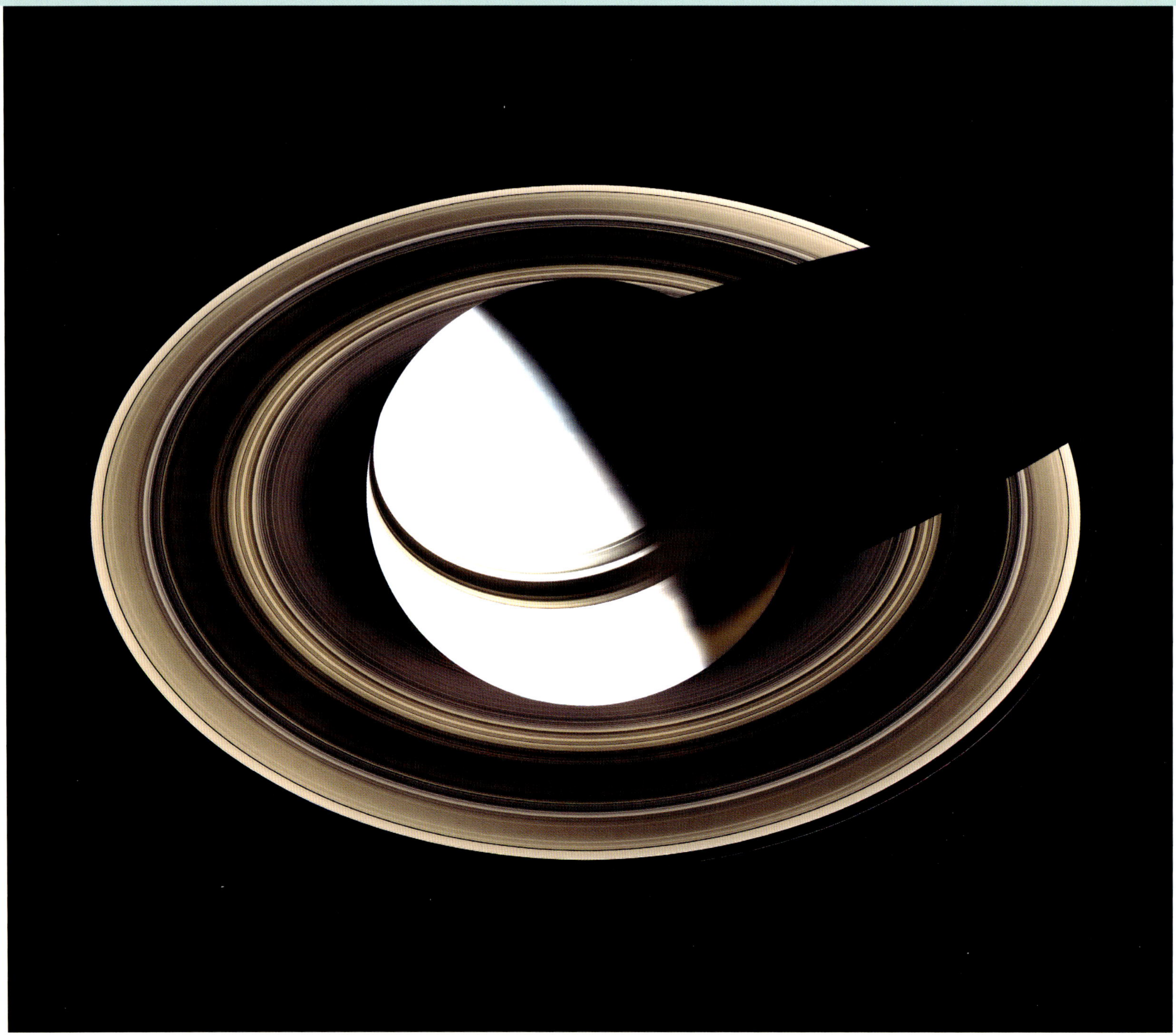

URANUS

Diamètre à l'équateur :	51 100 km
Distance moyenne du Soleil :	2 870 millions de km
Rotation complète sur son axe :	17 heures 14 minutes
Orbite autour du Soleil :	84 ans
Lunes :	27

NEPTUNE

Diamètre à l'équateur :	49 500 km
Distance moyenne du Soleil :	4 497 millions de km
Rotation complète sur son axe :	16 heures 7 minutes
Orbite autour du Soleil :	165 ans
Lunes :	14

Chapitre 2

Les cartes des étoiles

Repérer les constellations

Bien que la sphère céleste n'existe pas vraiment, les astronomes partent du principe qu'il y en a bien une quand il s'agit de cartographier le ciel et de localiser les étoiles. Ils situent les étoiles sur la sphère avec un système similaire à celui utilisé en géographie pour localiser un lieu sur la Terre : latitude et longitude.

La latitude est une coordonnée géographique, expression de la position d'un lieu, au nord et au sud de l'Équateur. La longitude est une coordonnée géographique, expression du positionnement est-ouest d'un point sur Terre. Elles se mesurent toutes deux en degrés. La latitude se mesure en degrés depuis l'Équateur, la longitude depuis une ligne nord-sud, le méridien de Greenwich, en Angleterre.

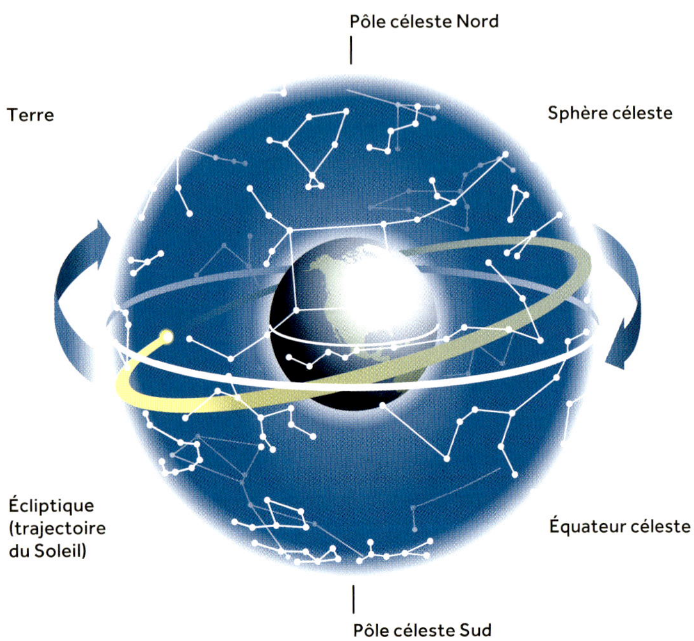

LATITUDE CÉLESTE

Le système de la longitude et de la latitude célestes fonctionne sur le même principe. La latitude céleste mesure la distance d'une étoile au nord et sud de l'équateur céleste. L'équateur céleste est un cercle autour du centre de la sphère céleste, comme l'Équateur est autour du centre, de la « taille », de la Terre. La latitude céleste est appelée déclinaison (symbole δ, delta en grec). Elle se mesure elle aussi en degrés. Les degrés au nord de l'équateur sont considérés positifs, tandis que ceux au sud de l'équateur sont négatifs.

LONGITUDE CÉLESTE

La longitude céleste, comme sa contrepartie terrestre, est une mesure de la distance d'une étoile autour de la sphère céleste par rapport à un point fixe. Dans ce cas, le point fixe est l'endroit où le Soleil paraît traverser l'équateur céleste au printemps. En d'autres termes, c'est le point où l'écliptique (trajet du Soleil) et l'équateur céleste se croisent. Cela semble plus compliqué que ça ne l'est vraiment. Les schémas ci-dessous vous aideront à y voir plus clair.

Le point d'intersection est appelé Point Vernal (A). La longitude céleste d'une étoile se mesure à partir de ce point autour de l'équateur céleste jusqu'à un grand cercle traversant l'étoile et les pôles célestes.

La longitude céleste est appelée « ascension droite » (AD). Elle ne se mesure pas en degrés, mais en heures. Ce ne sont pas les heures habituelles que nous réglons sur nos horloges, mais des heures en temps astronomique ou sidéral – le temps des étoiles ! (Le sujet du temps normal et du temps sidéral est également abordé page 31.)

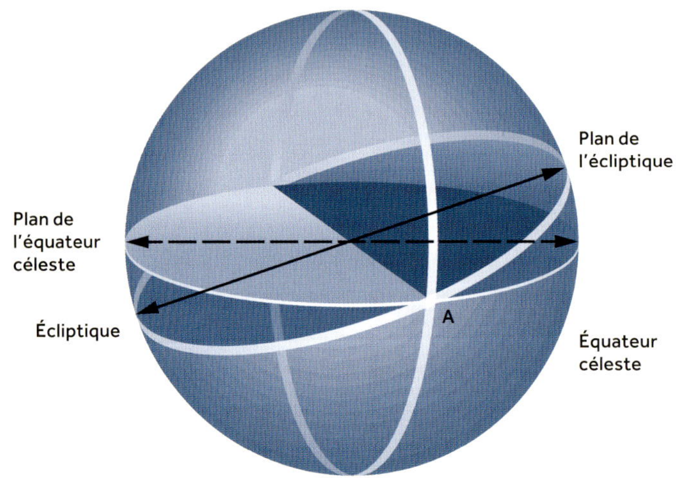

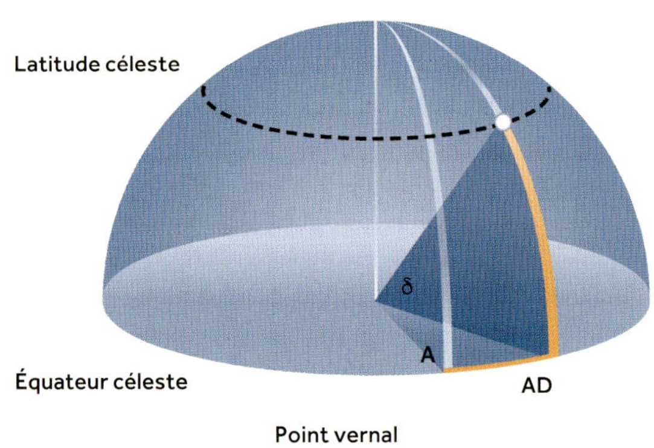

Les cartes des étoiles

Les étoiles se déplacent au-dessus de nos têtes parce que la Terre tourne sur elle-même dans l'espace. Elles se lèvent au-dessus de l'horizon à l'est, culminent au méridien et se couchent finalement en dessous de l'horizon à l'ouest. Dans ce ciel tournoyant, différentes constellations apparaissent au fil des mois, tandis que d'autres disparaissent. Ce phénomène est dû à l'autre déplacement de la Terre dans l'espace, son orbite autour du Soleil.

Chaque mois, la Terre va un peu plus loin dans son orbite et la nuit nous observons une portion légèrement différente de la sphère céleste. Au bout d'un an, quand la Terre termine son orbite autour du Soleil, elle a accompli un tour complet et nous voyons exactement le même ciel que 12 mois plus tôt.

Dans cet ouvrage, nous suivons les changements du ciel nocturne mois par mois en montrant ce à quoi ressemble le ciel à la même heure de la nuit.

LES CARTES SCHÉMATIQUES

Pour chaque section mensuelle, nous proposons un ensemble de cartes schématiques afin d'aider les observateurs à trouver leurs marques dans le ciel. Elles présentent les constellations les plus importantes.

Vous trouverez quatre cartes schématiques – deux pour l'hémisphère Nord et deux pour l'hémisphère Sud. L'une des cartes de chaque paire montre ce que l'on voit quand on regarde le ciel vers le nord, l'autre vers le sud. Connectées, elles présenteraient une vision à 360° du ciel le mois donné.

La couverture des étoiles sur la sphère céleste est complétée par deux cartes polaires, l'une dans le nord et l'autre dans le sud. De nombreux observateurs qui regardent le ciel dans l'hémisphère Nord peuvent voir certaines étoiles du pôle Nord en permanence. Ce sont des étoiles dites « circumpolaires ». De même, certaines des étoiles du pôle Sud sont également circumpolaires pour de nombreux observateurs dans l'hémisphère Sud.

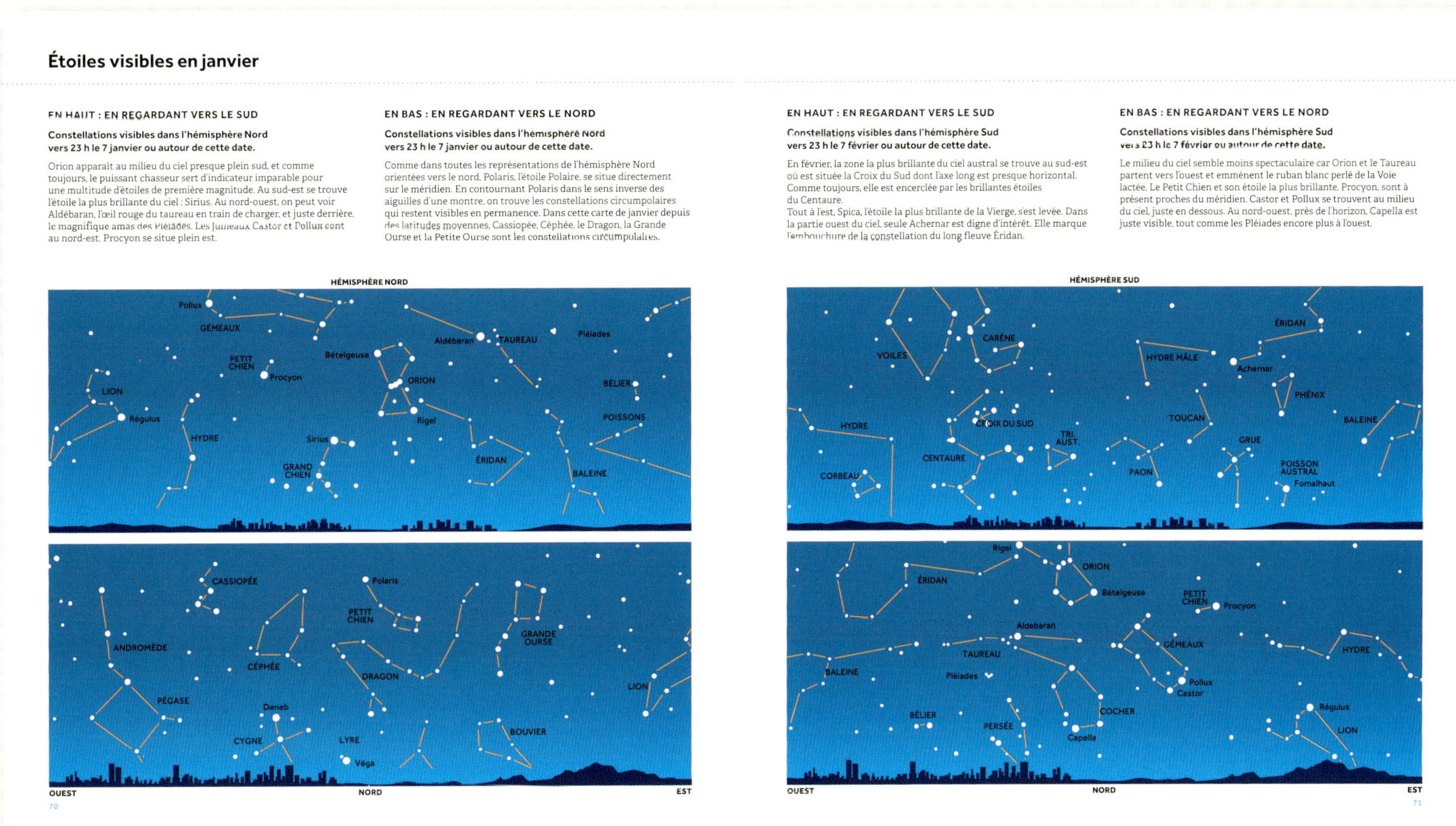

LES CARTES MENSUELLES

Les principales cartes des étoiles mensuelles sont dessinées avec une grille des latitudes et longitudes célestes, c'est-à-dire, les degrés de déclinaison sur l'axe vertical et les heures d'ascension droite sur l'axe horizontal. Les cartes montrent les constellations qui apparaissent près du méridien, la ligne nord-sud dans le ciel, vers 23 heures pendant la première semaine du mois. Elles peuvent apparaître un petit peu plus à l'est ou à l'ouest en fonction de la date exacte d'observation.

Les étoiles montrées sur chaque carte sont celles qui sont visibles à l'œil nu. La taille des points représentant les étoiles donne une indication de leur brillance. Les plus gros symbolisent les étoiles les plus brillantes, de première magnitude. Les plus petits représentent les étoiles de quatrième magnitude environ.

Les étoiles peuvent être identifiées de différentes manières. Certaines des plus importantes possèdent un nom propre, comme Véga, qui est l'étoile la plus brillante dans la constellation de la Lyre. D'autres sont habituellement identifiées par une lettre de l'alphabet grec, la plus brillante d'une constellation étant Alpha (α), la deuxième en termes de brillance Bêta (β), etc.

Certains symboles servent à identifier ce que l'on appelle des objets du « ciel profond », comme les nébuleuses, les amas ouverts et globulaires, et les galaxies. Ces objets sont essentiellement nommés de deux manières, soit par la lettre M suivie d'un nombre, soit par le sigle NGC suivi d'un nombre.
M signifie Messier et le nombre indique la position de l'objet dans le célèbre catalogue établi par l'astronome français Charles Messier. NGC signifie New General Catalogue, une liste des nébuleuses et des amas dressée par l'astronome danois John Louis Emil Dreyer et publiée en 1888.

◂ Vue en grand de la constellation du Cygne dans la Voie lactée.

▸ Carte du ciel en juillet montrant des caractéristiques typiques.

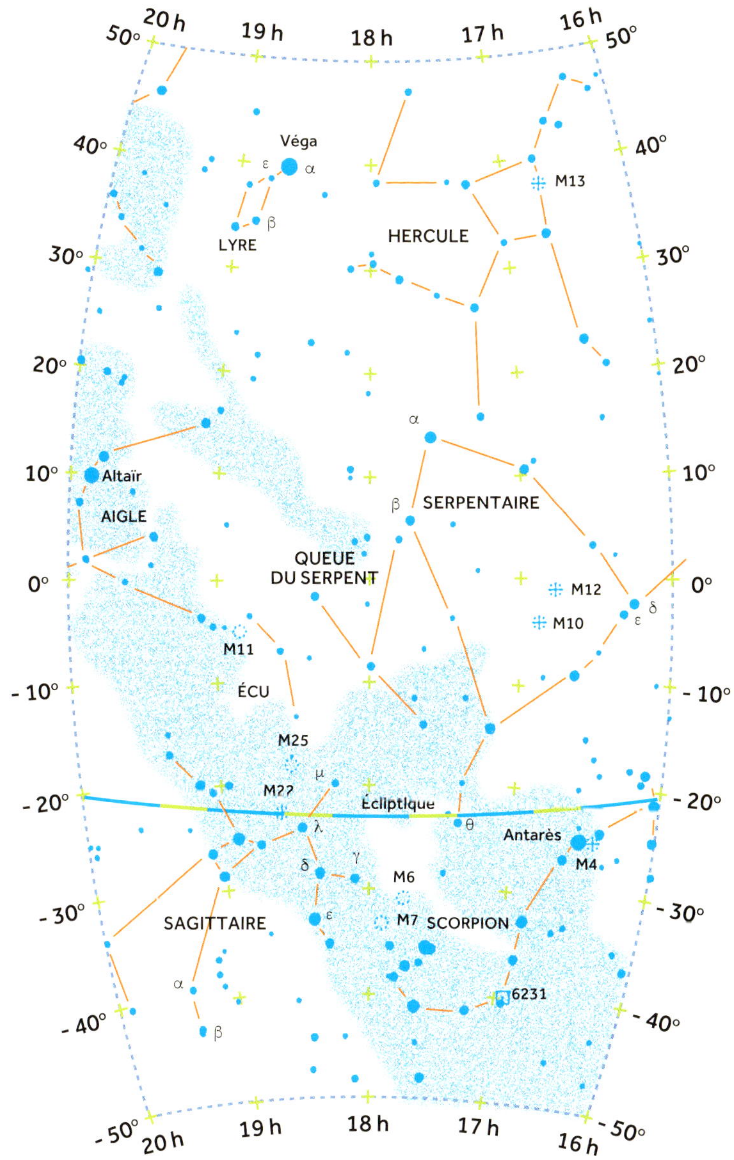

ALPHABET GREC

α alpha	ι iota	ρ rho
β bêta	κ kappa	σ sigma
γ gamma	λ lambda	τ tau
δ delta	μ mu	υ upsilon
ε epsilon	ν nu	φ phi
ζ zêta	ξ xi	χ chi
η êta	ο omicron	ψ psi
θ thêta	π pi	ω oméga

LÉGENDE DES SYMBOLES SUR LES CARTES

- Étoile
- **La taille du point indique la brillance**
- Amas ouvert
- Amas globulaire
- Nébuleuse
- Galaxie
- Voie lactée

Étoiles circumpolaires dans l'hémisphère Nord

Les cieux du grand Nord n'ont pas la clarté de ceux du Sud, mais ils possèdent quelque chose que ces derniers n'ont pas : une étoile Polaire bien pratique. Les astronomes la nomment Polaris et on la connaît aussi sous le nom d'étoile du Nord. Elle se situe presque directement au-dessus du pôle Nord terrestre, en alignement avec l'axe de rotation de la Terre et, pour cette raison, elle ne change pratiquement pas de place.

CASSIOPÉE, CASSIOPEIA

Cassiopée est facile à reconnaître avec sa forme caractéristique en W. Il faut toutefois de l'imagination pour se représenter la constellation comme les Grecs de l'Antiquité la voyaient : une « femme assise sur une chaise ». La femme en question était la reine Cassiopée, épouse du roi Céphée, qui, par vanité, sacrifia sa fille Andromède à Poséidon, le dieu de la mer.

Cassiopée compte plusieurs étoiles doubles dont Alpha (α) et Êta (η), tandis qu'Iota (ι) est une étoile triple visible avec un petit télescope. Étant située dans la Voie lactée, cette constellation est surtout remarquable pour son époustouflante abondance d'amas. Certains sont faciles à repérer avec des jumelles, comme NGC457 et NGC654 qui se trouvent au sud du W.

CÉPHÉE, CEPHEUS

Elle se trouve juste à côté de la brillante Cassiopée. Dans la mythologie aussi, Céphée et Cassiopée étaient proches, puisqu'ils étaient roi et reine de l'ancienne Éthiopie. Leur fille était Andromède.

Parmi ses étoiles, Bêta (β) est une étoile double visible avec un petit télescope. Delta (δ) est aussi une étoile double ; sa composante primaire est une supergéante jaune dont la luminosité varie avec autant de régularité qu'une horloge et des magnitudes comprises entre 3,5 et 4,4, en cinq jours et neuf heures précisément. C'est le prototype des étoiles variables connues sous le nom de céphéides. Fait intéressant à propos d'une céphéide : sa période de variation est directement liée à sa magnitude absolue ou luminosité intrinsèque.

Lorsque l'on en voit une, on peut par conséquent calculer à quelle distance elle se trouve.

Mu (μ) change également de luminosité. Elle varie entre les magnitudes trois et cinq sur une période d'environ deux ans. C'est une variable de type Mira. Mu présente une jolie couleur rouge qui lui vaut le surnom d'étoile grenat.

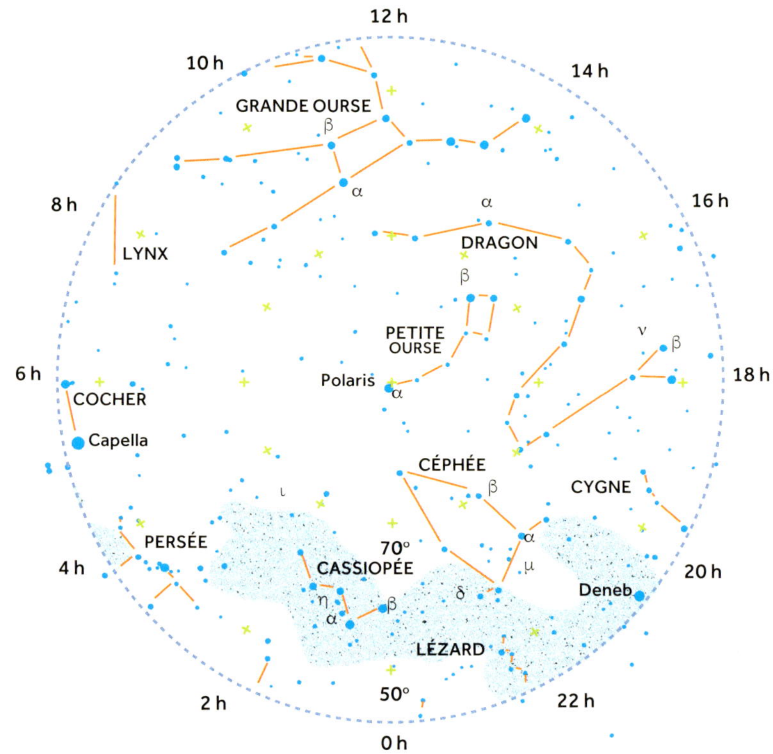

LE DRAGON, DRACO

Le Dragon est une constellation étendue d'étoiles peu brillantes qui encercle presque à moitié l'étoile Polaire.

Elle porte le nom du dragon de la mythologie grecque qui gardait les pommes d'or du jardin des Hespérides qu'Hercule a cueillies pendant ses douze travaux.

Parmi ses étoiles dignes d'intérêt, Nu (ν) dans la bouche du Dragon, est une large étoile binaire visible avec des jumelles ou un petit télescope. Alpha (α), aussi appelée Thuban, est également intéressante parce qu'elle était l'étoile Polaire pendant l'Antiquité égyptienne.

▲ La supergéante bleue Kappa Cassiopeiae est classée parmi les étoiles « en fuite » ou « fugitives » car elle se déplace dans l'espace à une vitesse anormalement élevée par rapport à son environnement interstellaire.

▶ Le nuage créateur d'étoiles Cepheus B.

LA GRANDE OURSE, URSA MAJOR

Ce groupe est présenté en tant que Constellation clé page 58.

LA PETITE OURSE, URSA MINOR

La Petite Ourse ressemble en fait plus à une petite casserole. Dans la mythologie, la Petite Ourse représente une nymphe qui a allaité Zeus quand il était bébé. C'est une petite constellation qui contient Polaris.

C'est la troisième plus grande constellation du ciel. Elle inclut le grand astérisme, ou groupe d'étoiles, appelé la Grande Casserole ou le Grand Chariot à cause de sa forme. Cela le distingue de la Petite Casserole dans la constellation de la Petite Ourse dont la forme est similaire. Au Royaume-Uni, ce groupe d'étoiles est vu comme une charrue car il a la forme de la poignée et de la lame d'une vieille charrue à cheval.

Pour les Grecs, la Grande Ourse représentait Callisto, une magnifique jeune fille séduite par le roi des dieux, Zeus. Après qu'elle eut donné naissance au fils de Zeus, son épouse, Héra, la changea en ourse.

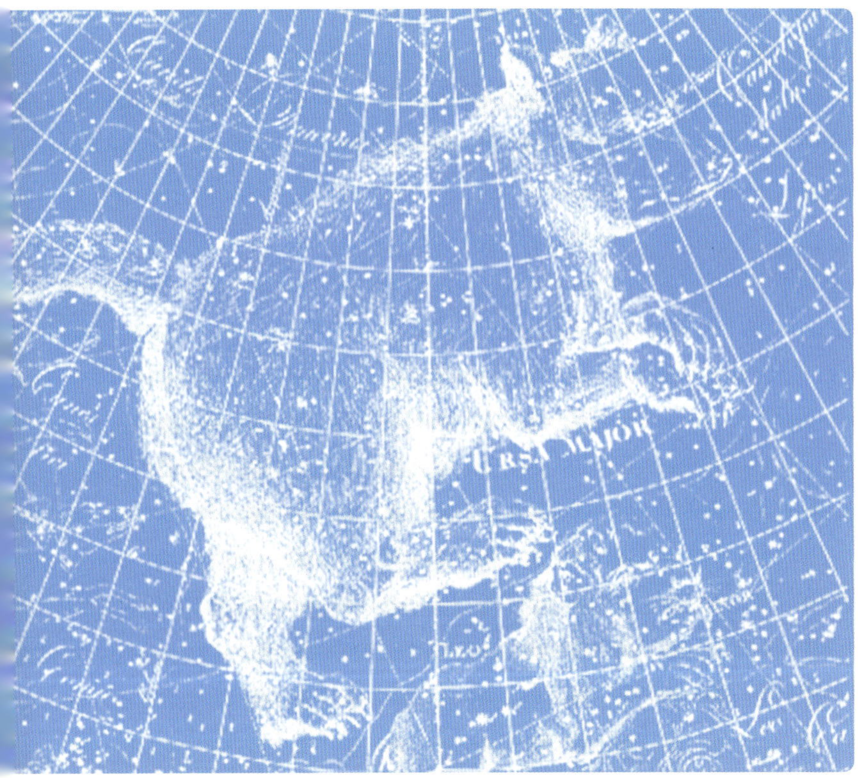

ÉTOILES POINTANT LE NORD

La Grande Casserole a été une bénédiction pour les navigateurs pendant des milliers d'années. En effet, deux de ses étoiles pointent l'étoile Polaire ou Polaris. Ces deux étoiles de pointage sont appelées Mérak et Dubhé.

La ligne partant de Mérak et traversant Dubhé pointe Polaris et montrera toujours le Nord. L'autre étoile célèbre de la Grande Casserole est la deuxième le long du manche, Mizar. Tout près se trouve une autre étoile brillante, Alcor. Ces deux étoiles forment l'une des étoiles doubles les plus connues du ciel. Elles constituent un bon test visuel. Si vous pouvez les voir séparément, vous avez une bonne vue.

La Grande Ourse se trouve dans une région relativement pauvre en objets célestes, raison pour laquelle elle ressort particulièrement. Elle possède cependant quelques objets intéressants, notamment quelques galaxies visibles avec des jumelles. Il s'agit par exemple de M101, une galaxie spirale que l'on repère en suivant la ligne formée par les trois étoiles du manche de la Grande Casserole. Au nord-ouest de Dubhé se trouve la magnifique galaxie spirale M81, une galaxie brillante similaire à la nôtre. Elle semble comme entremêlée avec la galaxie M82.

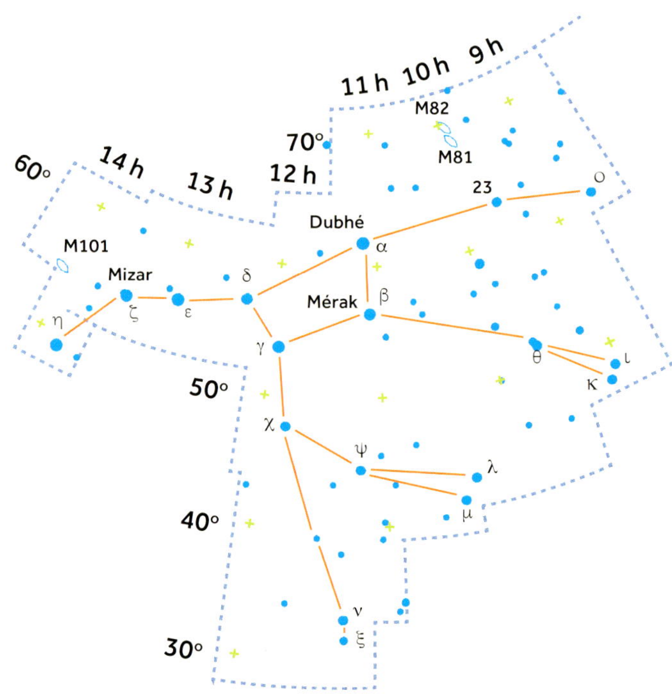

Page ci-contre : cette galaxie spirale est M106, l'une des nombreuses galaxies visibles près de la constellation.

Étoiles circumpolaires dans l'hémisphère Sud

Dans l'extrême sud, il n'y a pas d'étoile Polaire comme dans l'hémisphère Nord, il est donc un peu plus difficile de s'y retrouver dans le ciel. Cependant, la région polaire australe est incroyablement brillante. Elle contient la zone la plus brillante de la Voie lactée et abrite des étoiles comme Alpha du Centaure, Canopus et Achernar.

LA CARÈNE, CARINA

Cette constellation faisait autrefois partie de l'ancienne constellation le Navire Argo (Argo Navis). Elle se trouve sur le bord de la Voie lactée et contient beaucoup de nébuleuses et d'amas. Son étoile principale, Canopus, est la deuxième étoile la plus brillante du ciel après Sirius.

Dans l'éblouissante profusion d'étoiles de cette constellation, Êta (η) se démarque du lot. Aujourd'hui, elle est tout juste visible à l'œil nu, mais il y a à peine un siècle, elle brillait plus que toutes les autres étoiles du ciel à l'exception de Sirius. Elle se trouve dans une magnifique nébuleuse visible à l'œil nu, mais mieux observable avec des jumelles ou un petit télescope.

Iota (ι) et Epsilon (ε) sont proches de Delta (δ) et Kappa (κ) dans la constellation des Voiles. Ces quatre étoiles forment un X, appelé la Fausse Croix, car cet astérisme ressemble à s'y méprendre à la Croix du Sud.

Parmi les nombreux amas brillants de la Carène, IC2602, situé autour de Thêta (θ) est le plus beau. Il compte huit étoiles d'une magnitude supérieure à 6 et porte bien son nom de Pléiades australes.

LE CENTAURE, CENTAURUS

Cet éblouissant groupe est présenté en tant que Constellation clé page 62.

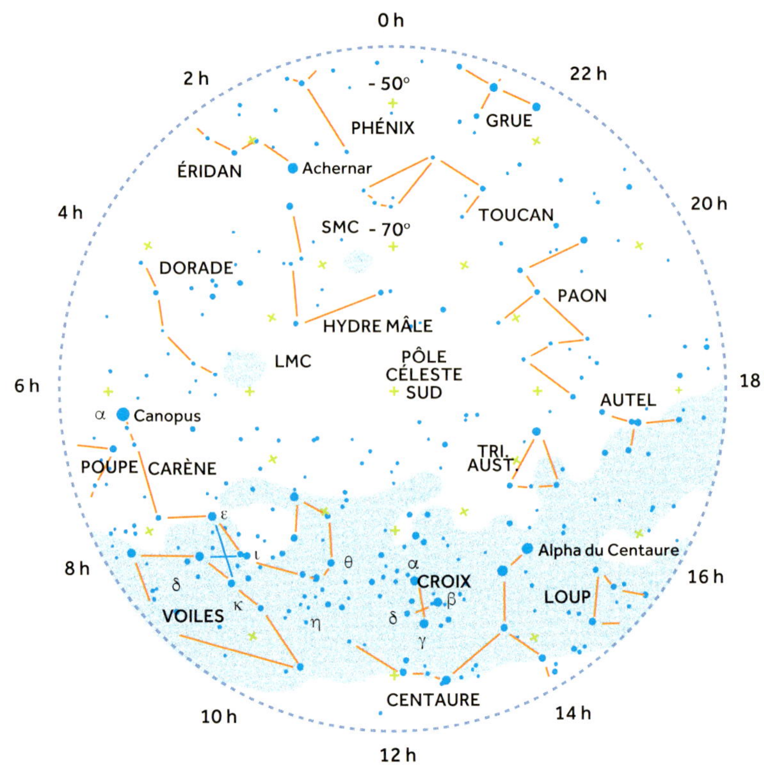

LA CROIX DU SUD, CRUX

La Croix du Sud est la plus célèbre de toutes les constellations australes, même si elle est la plus petite du ciel. Les anciens considéraient qu'elle faisait partie des jambes arrière du Centaure et elle n'est reconnue comme une constellation à part entière que depuis le XVIIe siècle.

Dans la Croix elle-même, Gamma (γ) est de couleur rougeâtre et contraste avec les trois autres étoiles qui sont blanc bleuté. C'est une étoile double, comme Alpha (α), aussi appelée Acrux, et Bêta (β). Autour de Kappa (κ) qui est proche de Bêta, se trouve l'un des plus beaux amas ouverts du ciel, NGC4755, plus connu sous le nom de « boîte à bijoux ».

Entre Kappa et Alpha, se trouve un espace noir dans le ciel étoilé, le Sac à Charbon. Ce n'est pas un trou dans la Voie lactée, mais un nuage de gaz si denses que la lumière des étoiles ne peut le traverser.

LA DORADE, DORADO

Autre constellation relativement récente (XVIIe siècle), la Dorade est connue pour abriter la galaxie la plus proche de la nôtre, le Grand Nuage de Magellan (GNM ou LMC pour Large Magellanic Cloud). Cette galaxie irrégulière apparaît à l'œil nu comme une tache brouillonne à l'extrémité sud de la ligne des étoiles de la Dorade. La nébuleuse la plus brillante du LMC, la Tarentule, est également visible sans instrument.

LE TOUCAN, TUCANA

Cet oiseau du sud, également ajouté au XVIIe siècle, abrite un comparse du Grand Nuage de Magellan, le Petit Nuage de Magellan (PNM ou SMC pour Small Magellanic Cloud). Il s'agit aussi d'une galaxie irrégulière. L'autre caractéristique spectaculaire du Toucan est l'objet visible à l'œil nu classifié au départ comme l'étoile 47 – les télescopes ont en fait révélé qu'il s'agissait d'une boule gigantesque contenant des centaines d'étoiles.

▲ NGC 299, un amas ouvert situé dans le Toucan.

▶ En haut : une galaxie spirale moins connue de la Dorade.

▶ En bas : Crux, la Croix du Sud.

LE CENTAURE : CENTAURUS

Le Centaure est une spectaculaire constellation du ciel austral. Il entoure Crux, la Croix du Sud, et doit son nom à l'un des sages centaures de la mythologie grecque, Chiron. Les centaures avaient un torse et une tête d'homme sur un corps et des jambes de cheval.

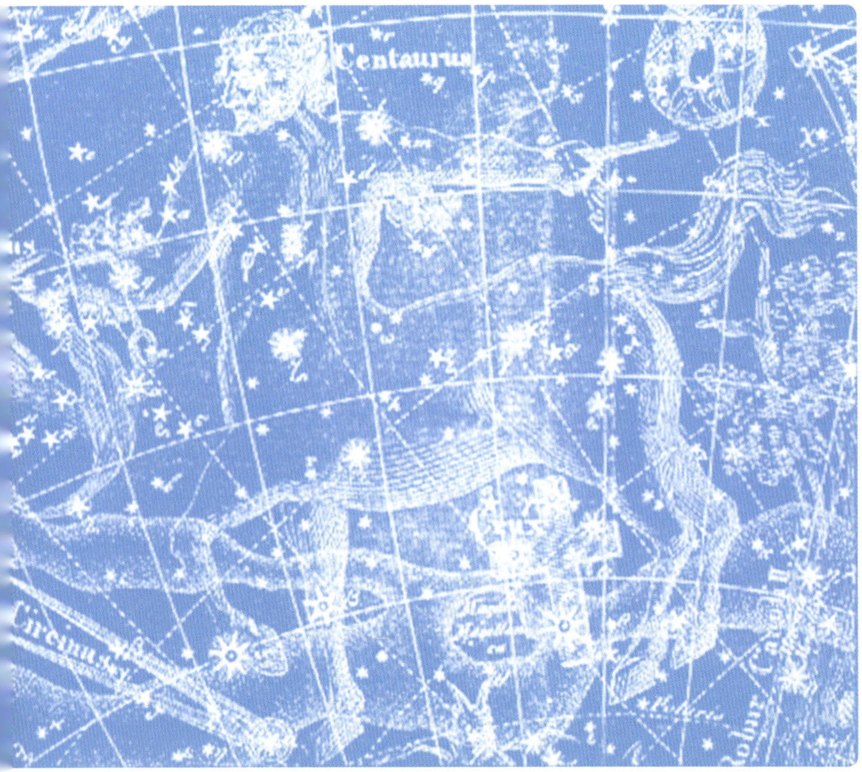

ÉTOILES DE POINTAGE DANS LE SUD

Les deux étoiles les plus brillantes du Centaure pointent immanquablement sur la Croix du Sud. La plus brillante des deux, Alpha (α) Centauri, est la troisième étoile la plus brillante du ciel, après Sirius et Canopus. C'est aussi l'étoile la plus proche de nous, située à environ 4,3 années-lumière. Dans un petit télescope, Alpha Centauri apparaît comme une belle étoile binaire à deux composants. Juste à côté se trouve une troisième étoile beaucoup moins brillante, appelée Proxima Centauri. Cette naine rouge est l'étoile la plus proche de nous, à environ 4,2 années-lumière.

Omega (ϖ) Centauri, une étoile moins brillante de la constellation, n'est en fait pas une étoile du tout, mais un amas globulaire, une congrégation de centaines de milliers d'étoiles, parmi les centaines d'amas qui gravitent autour du centre de notre galaxie. Omega Centauri est facilement visible à l'œil nu. Avec des jumelles, on commence à prendre conscience de l'immensité de cet objet. Au télescope, on voit à quel point les étoiles sont serrées dans l'amas. Au centre, elles se trouvent sans doute à seulement 1/10e d'année-lumière de distance les unes des autres.

Près de la triplette d'étoiles dans l'épaule gauche du Centaure se trouve un objet facile à voir avec des jumelles. C'est une galaxie (NGC5128) qui semble coupée par une ligne de poussière sombre. Les radioastronomes ont découvert qu'il s'agissait d'une puissante source d'ondes radio appelée Centaurus A. Il n'y a que deux autres sources plus puissantes dans le ciel. Centaurus A émet tellement d'énergie qu'elle est classée comme une galaxie active. Comme les autres galaxies actives, elle est sans doute alimentée par un trou noir.

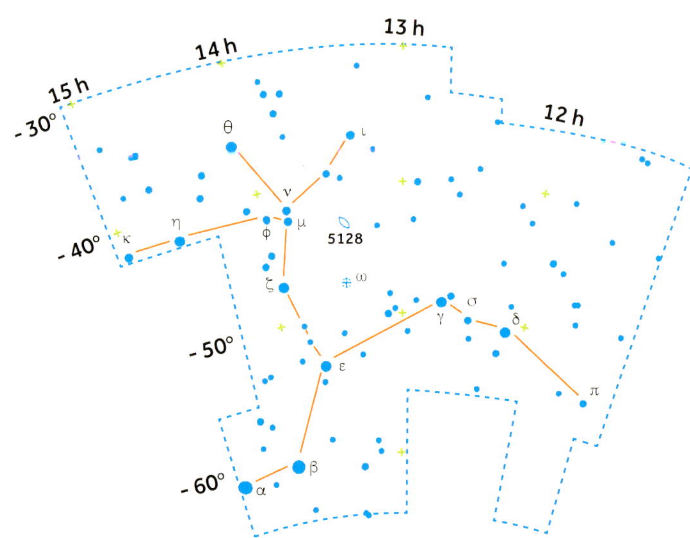

Page ci-contre : certaines étoiles et certains nuages gazeux près du centre de la galaxie radio Centaurus A photographiés par le télescope spatial *Hubble*.

Étoiles visibles en janvier

Le ciel du mois de janvier est sans doute le plus spectaculaire de l'année. Il est dominé par la majestueuse présence d'Orion. Cette belle constellation est présentée en détail page 66. Toutefois, ces deux étoiles brillantes, Bételgeuse et Rigel, ne sont pas les seules stars du mois. Au nord comme au sud, plusieurs autres étoiles brillantes resplendissent : Arcturus, Castor, Pollux, Aldébaran, Procyon et l'éblouissante Sirius. La Voie lactée traverse le ciel de part en part et offre une débauche d'objets pour les observateurs munis de jumelles.

LE COCHER, AURIGA

Cette constellation brillante de l'hémisphère Nord possède une forme facilement reconnaissable de cerf-volant.
Son étoile la plus brillante est la jaune Capella, la sixième étoile la plus brillante du ciel. Capella représente une chèvre posée sur l'épaule gauche du cocher. Au sud se trouvent trois chevreaux qui forment un triangle d'étoiles moins brillantes.

Parmi les autres étoiles, Epsilon (ε) est la plus intéressante. Il s'agit d'une binaire à éclipses composée d'une supergéante très brillante et d'une compagne sombre gravitant l'une autour de l'autre. Tous les 27 ans, la compagne passe devant la supergéante ce qui fait baisser visiblement sa luminosité.

La Voie lactée traverse la constellation et présente un certain nombre d'amas d'étoiles brillantes visibles avec des jumelles.

LE GRAND CHIEN, CANIS MAJOR

Cette constellation est peut-être petite, mais elle est facile à repérer parce qu'elle contient l'étoile la plus brillante du ciel. Il s'agit de Sirius, qui porte le nom du chien d'Orion. En réalité, Sirius n'est pas particulièrement lumineuse. Elle semble très brillante parce qu'elle est proche de nous : elle se trouve à seulement 8,6 années-lumière environ.

L'une des étoiles de la constellation est impossible à voir, c'est la « compagne » de Sirius, Sirius B. Elles gravitent l'une autour de l'autre formant un système binaire. Sirius B est une naine blanche, minuscule et très dense. C'est la première naine blanche à avoir été découverte, en 1862.

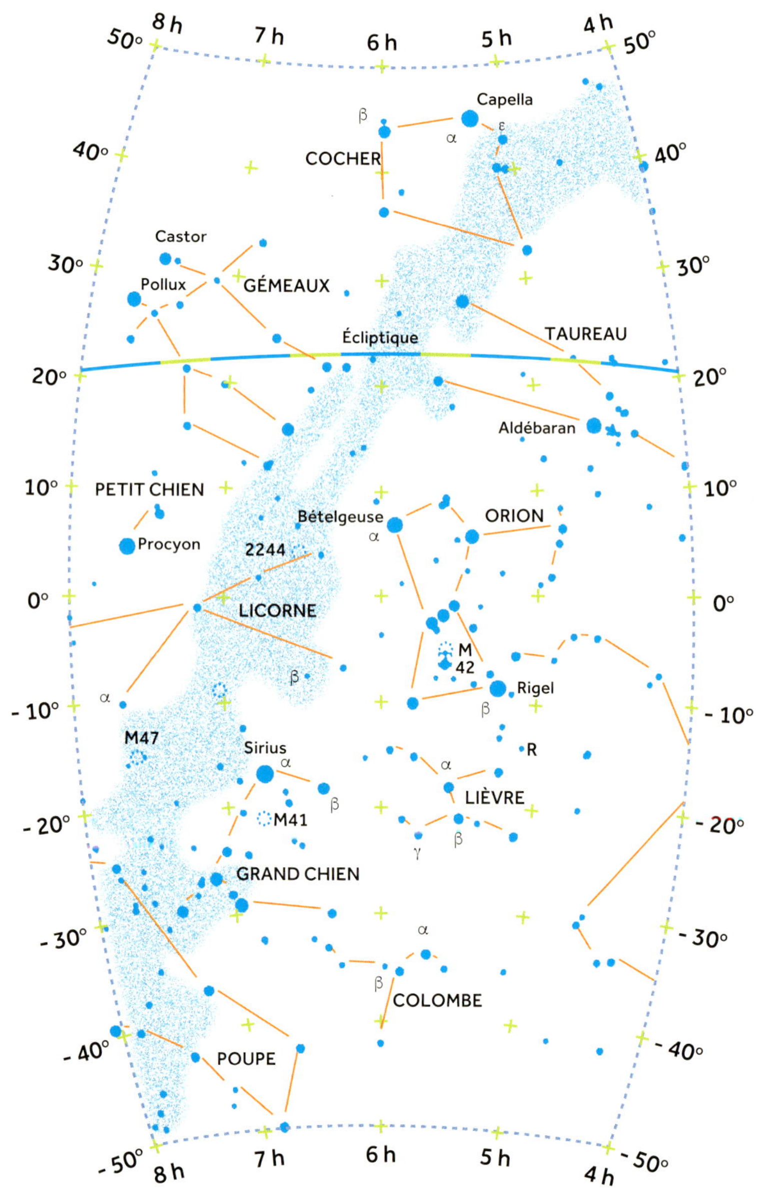

Constellations visibles près du méridien vers 23 h pendant la première semaine de janvier.

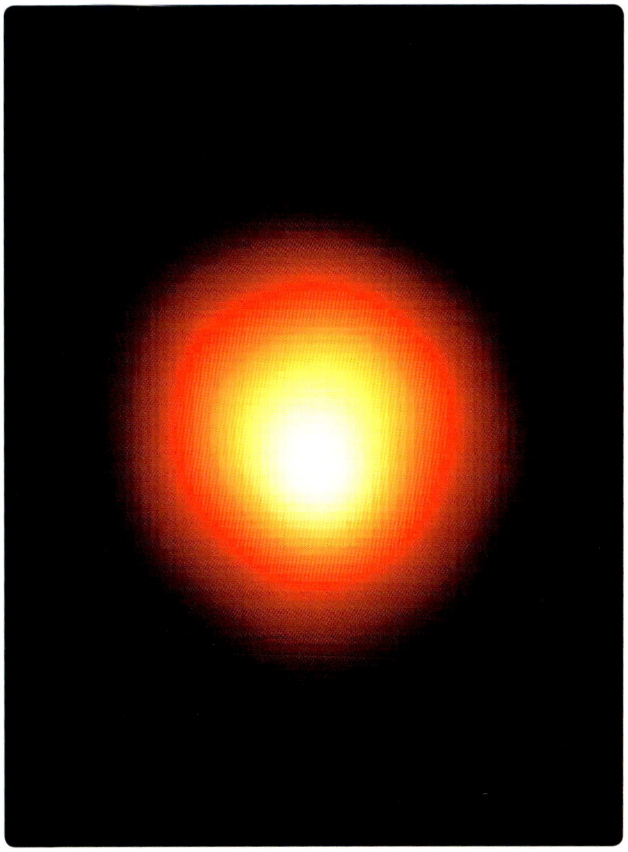

▲ Ci-dessus à gauche : un cheval foncé dresse sa tête dans l'un des nuages gazeux d'Orion, créant l'incroyable nébuleuse de la Tête de Cheval.

▲ Ci-dessus à droite : la supergéante Bételgeuse sur l'épaule droite d'Orion.

LA COLOMBE, COLUMBA

La Colombe, l'une des nombreuses constellations « oiseaux » de l'hémisphère Sud, représente l'oiseau lâché par Noé sur l'Arche pour trouver la terre ferme. Elle est relativement peu brillante, mais assez facile à trouver car elle se situe dans une région pauvre en objets.

LE LIÈVRE, LEPUS

Le Lièvre, qui se trouve aux pieds d'Orion, essaie d'échapper au plus grand des chiens du chasseur, Canis Major, le Grand Chien. L'étoile Gamma (γ) est une double visible avec des jumelles. R est l'une des étoiles les plus intéressantes de cette constellation. C'est une variable qui se voit facilement avec des jumelles quand elle atteint sa magnitude maximale. Elle possède une couleur rouge vif qui lui vaut parfois le surnom d'étoile cramoisie.

ORION

Chevauchant l'équateur céleste, ce magnifique groupe d'étoiles est la constellation clé de ce mois (voir page 66).

ORION : ORION

Constellation clé

Les Grecs ont donné à cette magnifique constellation le nom d'un puissant chasseur. Orion était le fils du dieu de la mer Poséidon et se vantait de pouvoir tuer n'importe quelle créature terrestre. Il parcourt le ciel avec une massue dans la main droite et un bouclier dans la main gauche. Une épée est suspendue à son baudrier. À ses pieds se trouvent ses deux chiens, le Grand et le Petit Chiens, Canis Major et Minor.

Orion était amoureux de sept sœurs, les Pléiades, et les poursuit dans le ciel en suivant leur amas d'étoiles. Il est pourchassé par le Scorpion, Scorpius. Dans le mythe, les dieux avaient envoyé un scorpion pour tuer Orion.

GRANDE ET BRILLANTE

Les observateurs d'étoiles des deux hémisphères connaissent bien Orion car cette constellation chevauche l'équateur céleste. Son contour principal est délimité par sept étoiles brillantes. Au niveau du pied gauche du chasseur se trouve Rigel et à l'opposé, sur son épaule droite, Bételgeuse. Les deux forment une paire contrastante : Rigel est blanche, brillante et relativement plus lumineuse que la rouge Bételgeuse. Bételgeuse est une supergéante et l'une des plus grosses étoiles que nous connaissons, avec un diamètre estimé d'au moins 1,2 milliard de km. Si elle se trouvait à l'endroit où se situe le Soleil dans notre système solaire, elle dépasserait Mars.

On trouve également dans cette constellation un groupe de trois étoiles brillantes qui forment le baudrier d'Orion. Au sud, il y a une tache brillante composant l'épée d'Orion. C'est une vaste région de gaz lumineux appelée la nébuleuse d'Orion ou M42. Elle est éclairée par quatre étoiles dans un système stellaire appelé le Trapèze situé au cœur de la nébuleuse. Cette nébuleuse est une pouponnière d'étoiles active comme d'autres nébuleuses dans les différentes constellations. Une autre nébuleuse proche de l'étoile la plus au sud du baudrier d'Orion (Zêta ζ) ressemble étrangement à une tête de cheval et a donc été baptisée nébuleuse de la Tête de Cheval.

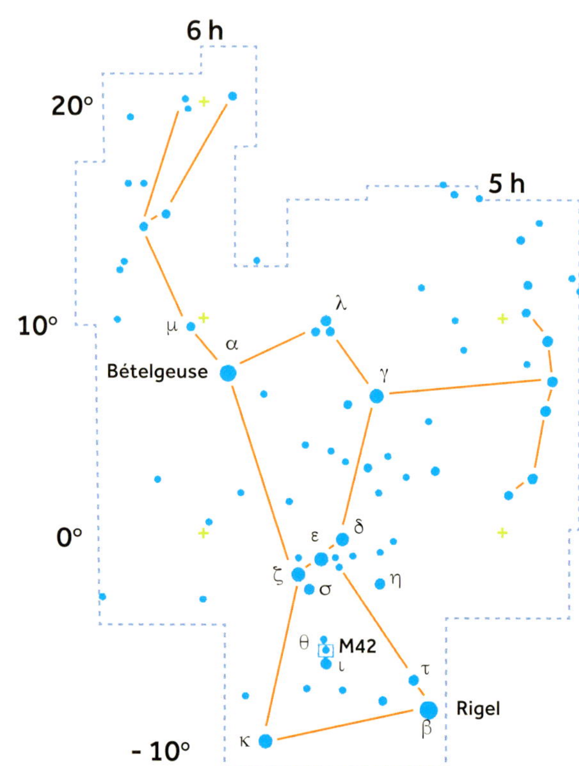

La splendide nébuleuse d'Orion.

La NASA a dévoilé cet incroyab
cliché infrarouge de la nébuleus
de la Tête de Cheval pour céléb
le 23e anniversaire du télescope
Hubble.

NGC 2174, appelée aussi la nébule
de la Tête de Singe, se trouve dan
la constellation d'Orion – c'est une
région colorée remplie de jeunes
étoiles, de gaz et de poussières
cosmiques.

Étoiles visibles en janvier

EN HAUT : EN REGARDANT VERS LE SUD

Constellations visibles dans l'hémisphère Nord vers 23 h le 7 janvier ou autour de cette date.

Orion apparaît au milieu du ciel presque plein sud, et comme toujours, le puissant chasseur sert d'indicateur imparable pour une multitude d'étoiles de première magnitude. Au sud-est se trouve l'étoile la plus brillante du ciel : Sirius. Au nord-ouest, on peut voir Aldébaran, l'œil rouge du taureau en train de charger, et juste derrière, le magnifique amas des Pléiades. Les jumeaux Castor et Pollux sont au nord-est. Procyon se situe plein est.

EN BAS : EN REGARDANT VERS LE NORD

Constellations visibles dans l'hémisphère Nord vers 23 h le 7 janvier ou autour de cette date.

Comme dans toutes les représentations de l'hémisphère Nord orientées vers le nord, Polaris, l'étoile Polaire, se situe directement sur le méridien. En contournant Polaris dans le sens inverse des aiguilles d'une montre, on trouve les constellations circumpolaires qui restent visibles en permanence. Dans cette carte de janvier depuis des latitudes moyennes, Cassiopée, Céphée, le Dragon, la Grande Ourse et la Petite Ourse sont les constellations circumpolaires.

HÉMISPHÈRE NORD

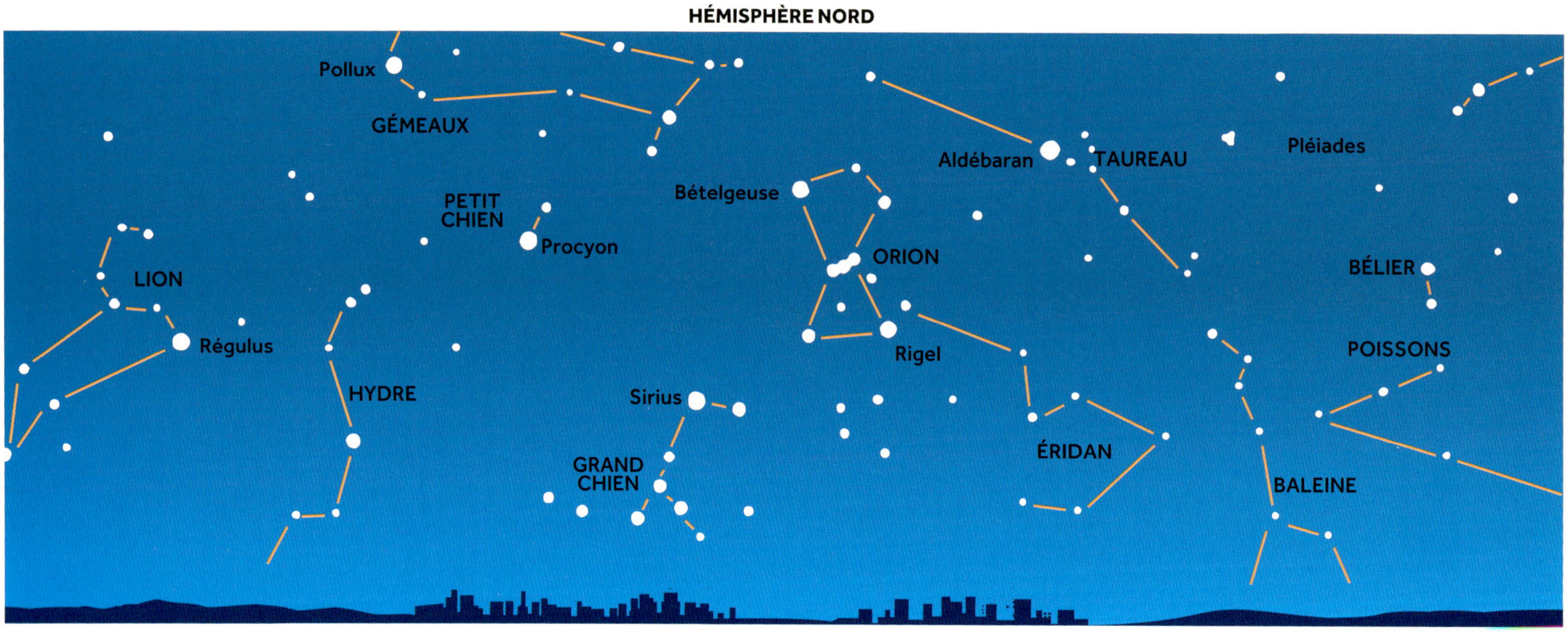

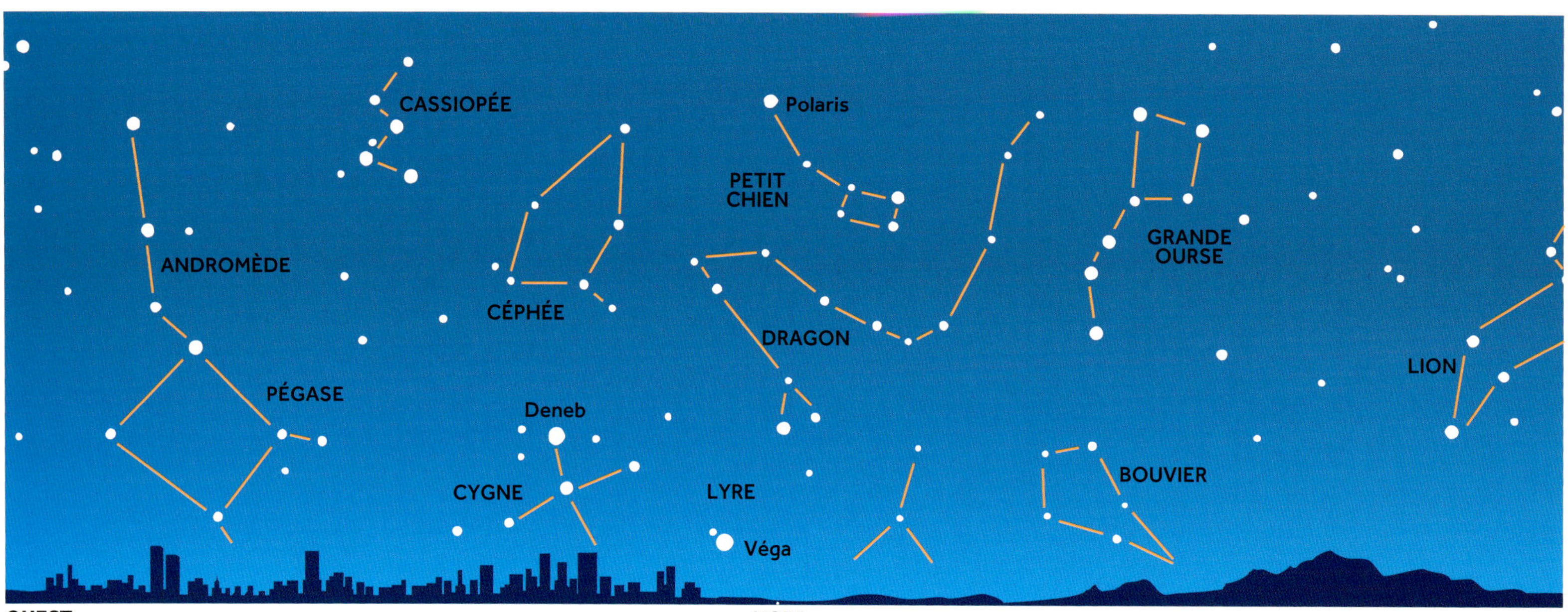

OUEST NORD EST

EN HAUT : EN REGARDANT VERS LE SUD

Constellations visibles dans l'hémisphère Sud vers 23 h le 7 janvier ou autour de cette date.

Contrairement à l'hémisphère Nord, l'hémisphère Sud ne possède pas d'étoile polaire permettant de se repérer facilement, mais l'axe long de Crux, la Croix du Sud, pointe à peu près le pôle céleste Sud. Autour de ce pôle, les étoiles du sud tournent dans le sens des aiguilles d'une montre.

EN BAS : EN REGARDANT VERS LE NORD

Constellations visibles dans l'hémisphère Sud vers 23 h le 7 janvier ou autour de cette date.

L'immanquable Orion apparaît haut dans le ciel presque plein nord. Comme toujours, le puissant chasseur sert d'indicateur imparable pour une multitude d'étoiles de première magnitude. Procyon se trouve plein est de Bételgeuse. Les jumeaux Castor et Pollux sont au nord-est. En bas, près de l'horizon nord se situe la brillante Capella. Au nord-ouest, on peut voir Aldébaran, l'œil rouge du taureau en train de charger, et juste derrière, le magnifique amas des Pléiades.

HÉMISPHÈRE SUD

OUEST NORD EST

Étoiles visibles en février

Le ciel de février n'est pas aussi impressionnant que celui du mois précédent, car des constellations peu brillantes arrivent depuis l'est. Il n'y a que dans le ciel du grand sud que la Voie lactée et des constellations brillantes continuent de resplendir.

CANCER

Il s'agit de l'une des constellations du zodiaque située entre le Lion et les Gémeaux. Le Soleil traverse le Cancer entre le 20 juillet et le 10 août. Ses étoiles sont assez peu brillantes, c'est même la constellation la moins brillante du zodiaque. Elle possède néanmoins plusieurs objets intéressants.

Le plus impressionnant est la Ruche, autrefois appelée la Crèche, un bel amas ouvert visible à l'œil nu, mais qui s'apprécie mieux avec des jumelles. Les astronomes l'ont baptisé ainsi car ses étoiles leur faisaient penser à des abeilles bourdonnant autour de leur ruche. Son nom astronomique est Praesepe ou M44.

LE PETIT CHIEN, CANIS MINOR

Cette minuscule constellation représente le plus petit des deux chiens qui accompagnent Orion. Elle ne possède que deux étoiles brillantes, la plus brillante s'appelant Procyon, qui signifie « avant le chien » en latin.

En effet, Procyon se lève avant Sirius, le chien d'Orion. Procyon est la huitième étoile la plus brillante du ciel et l'une des plus proches de nous, à 11 années-lumière environ.

LES GÉMEAUX, GEMINI

Cette belle constellation du zodiaque se situe entre le Cancer et le Taureau. Le Soleil traverse les Gémeaux entre le 21 juin et le 20 juillet. Ses deux étoiles brillantes, de première magnitude, s'appellent Castor et Pollux. Pour les Grecs, elles représentaient les jumeaux sortis d'un œuf pondu par Léda, reine de Sparte, après avoir été courtisée par Zeus. Pour les Romains, elles symbolisaient les jumeaux Rémus et Romulus, les fondateurs légendaires de Rome, élevés par une louve.

Des deux, Castor est un peu plus faible, mais c'est aussi la plus intéressante car il s'agit d'un impressionnant système stellaire. Un petit télescope révèle un système binaire composé de deux étoiles bleu-blanc gravitant l'une autour de l'autre.

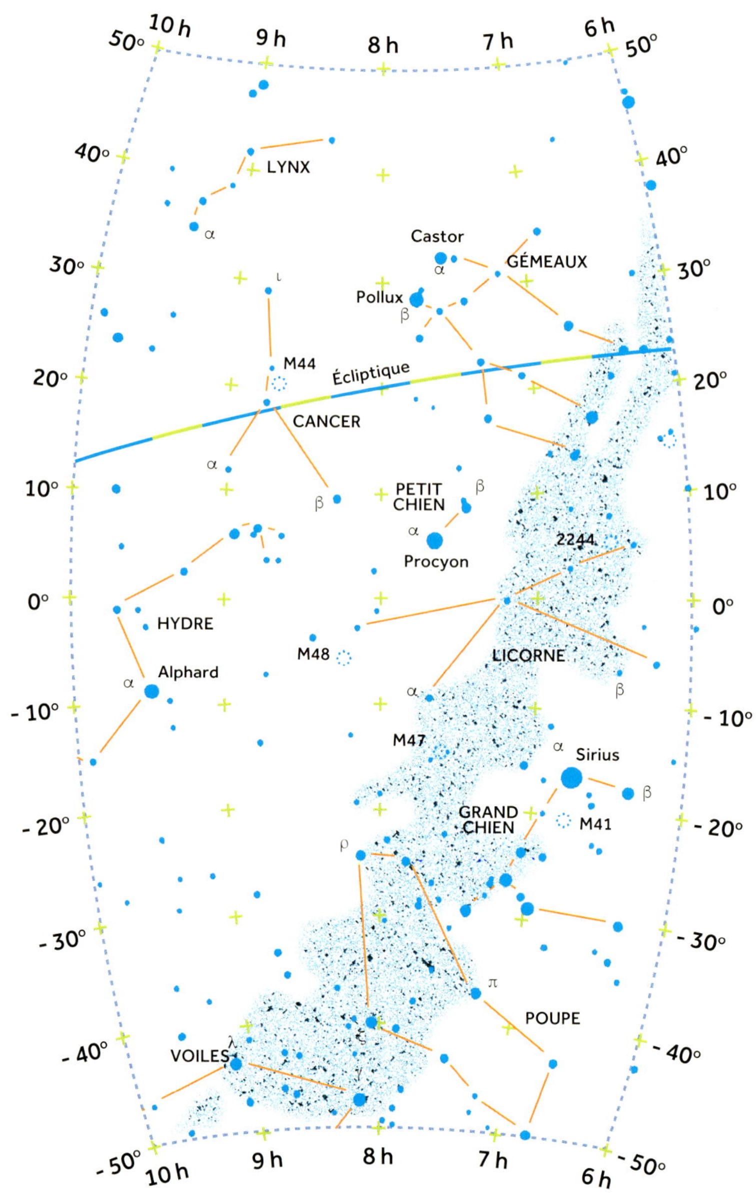

Constellations visibles près du méridien vers 23 h pendant la première semaine de février.

LA LICORNE, MONOCEROS

Cette constellation ne compte que des étoiles relativement peu lumineuses, mais se trouve dans une région particulièrement riche de la Voie lactée. Bêta (β) est un système stellaire à trois composantes clairement visible sous la forme d'un triangle avec un petit télescope. La vedette de cette zone est la magnifique nébuleuse de la Rosette. Il s'agit d'un nuage circulaire de gaz rouges avec des régions ressemblant à des pétales entourant un amas d'étoiles brillantes (NGC2244).

▲ À gauche : l'un des joyaux de la Licorne, la jolie nébuleuse de la Rosette avec ses écheveaux de gaz qui ressemblent à des pétales.

▲ À droite : ESO 255-7, un quartet de galaxies en interaction dans la constellation de la Poupe.

LA POUPE, PUPPIS

La Poupe et ses voisines, les Voiles et la Carène, faisaient autrefois partie d'une constellation beaucoup plus grande appelée le Navire Argo (Argo Navis). Elle représentait le bateau sur lequel les Argonautes avaient navigué quand ils cherchaient la Toison d'or. Puppis incarne la poupe du navire, Vela, les voiles et Carina, la Carène.

La majeure partie de cette brillante constellation australe se situe dans la Voie lactée, elle est donc riche en amas stellaires et en nébuleuses. M47 est l'amas le plus brillant, il est facilement visible à l'œil nu dans la Voie lactée, à l'est de Sirius.

Étoiles visibles en février

EN HAUT : EN REGARDANT VERS LE SUD

Constellations visibles dans l'hémisphère Nord vers 23 h le 7 février ou autour de cette date.

Le milieu du ciel a perdu un peu de sa splendeur. Orion et le Taureau s'esquivent vers l'ouest et emportent le ruban blanc perlé de la Voie lactée. Le Petit Chien et son étoile la plus brillante, Procyon, sont à présent proches du méridien. Castor et Pollux sont au-dessus d'eux, haut dans le ciel, tandis que Sirius brille fortement plus près de l'horizon. Sous des latitudes nord plus basses, les observateurs peuvent apercevoir les constellations australes de la Poupe et des Voiles sur l'horizon.

EN BAS : EN REGARDANT VERS LE NORD

Constellations visibles dans l'hémisphère Nord vers 23 h le 7 février ou autour de cette date.

Cassiopée et Céphée descendent de plus en plus bas, tandis que la Grande Casserole, à l'opposé de Polaris, s'élève dans le ciel. Sur le méridien, tout près de l'horizon, se trouve la brillante Deneb qui marque la queue du Cygne (Cygnus). Juste à l'est, on peut voir Véga, qui est un petit peu plus brillante. Arcturus fait son apparition alors que le Bouvier monte dans le ciel. À l'ouest du méridien, Andromède est toujours visible sous Cassiopée, elle apparaît comme une tache brumeuse à l'œil nu.

HÉMISPHÈRE NORD

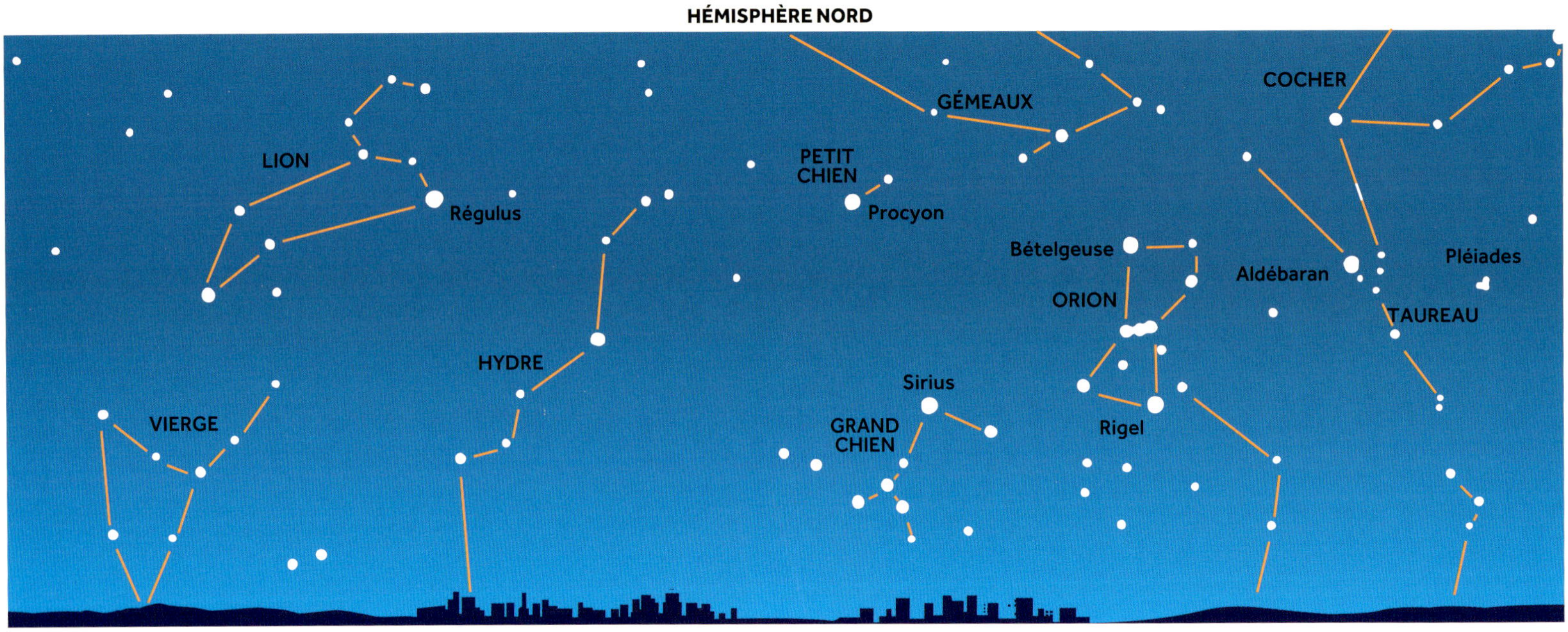

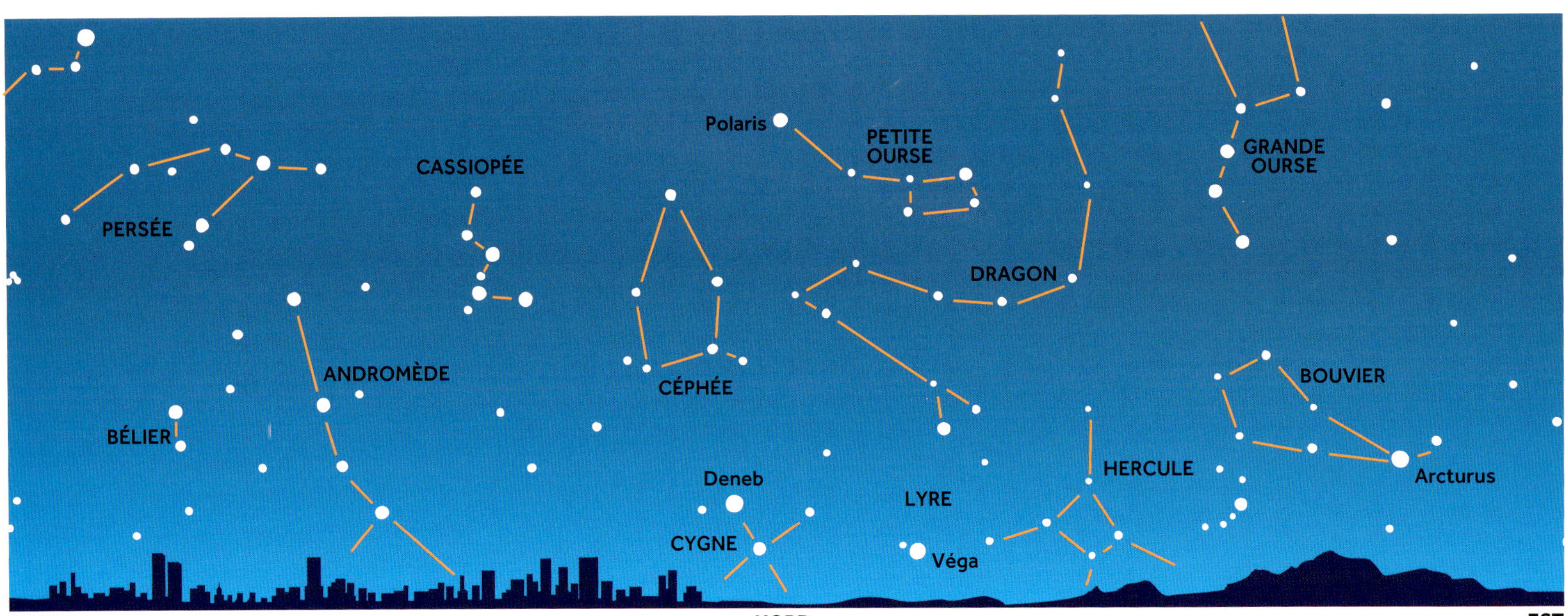

OUEST NORD EST

EN HAUT : EN REGARDANT VERS LE SUD

Constellations visibles dans l'hémisphère Sud vers 23 h le 7 février ou autour de cette date.

En février, la zone la plus brillante du ciel austral se trouve au sud-est où est située la Croix du Sud dont l'axe long est presque à l'horizontale. Comme toujours, elle est encerclée par les brillantes étoiles du Centaure.
Tout à l'est, Spica, l'étoile la plus brillante de la Vierge, s'est levée. Dans la partie ouest du ciel, seule Achernar est digne d'intérêt. Elle marque l'embouchure de la constellation du long fleuve Éridan.

EN BAS : EN REGARDANT VERS LE NORD

Constellations visibles dans l'hémisphère Sud vers 23 h le 7 février ou autour de cette date.

Le milieu du ciel semble moins spectaculaire car Orion et le Taureau partent vers l'ouest et emmènent le ruban blanc perlé de la Voie lactée. Le Petit Chien et son étoile la plus brillante, Procyon, sont à présent proches du méridien. Castor et Pollux se trouvent au milieu du ciel, juste en dessous. Au nord-ouest, près de l'horizon, Capella est juste visible, tout comme les Pléiades encore plus à l'ouest.

HÉMISPHÈRE SUD

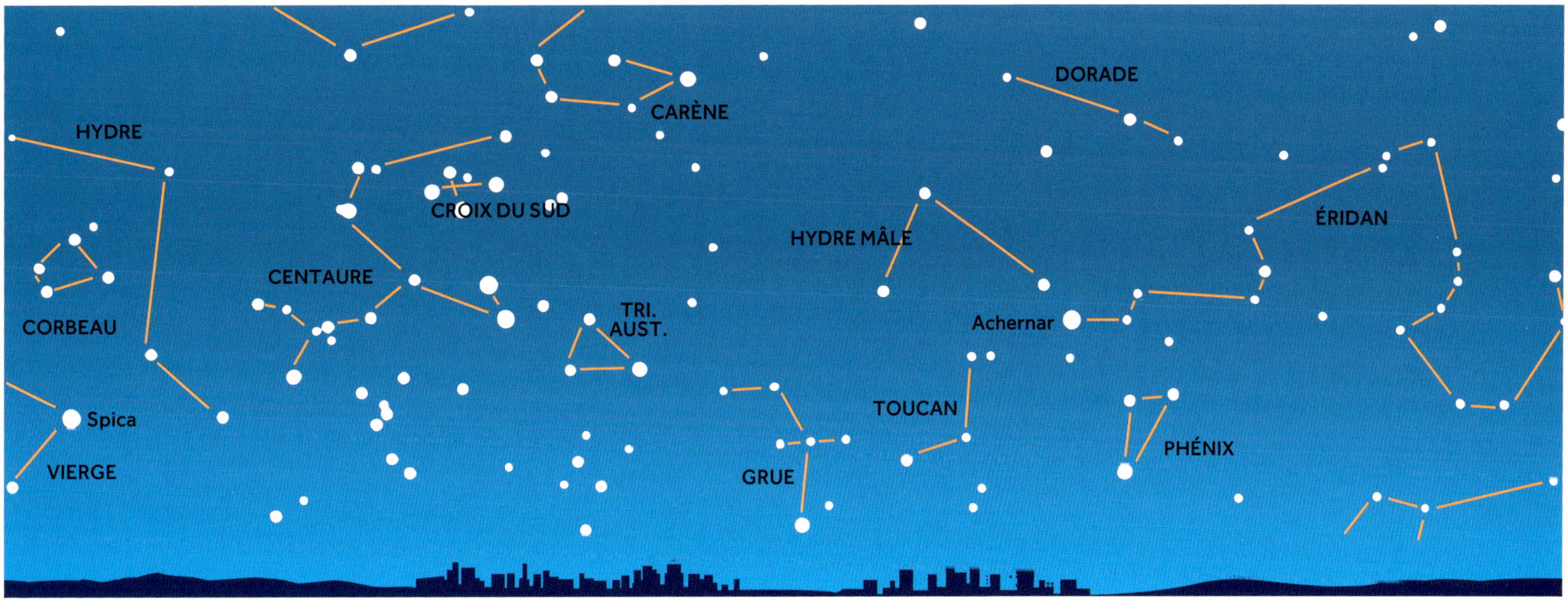

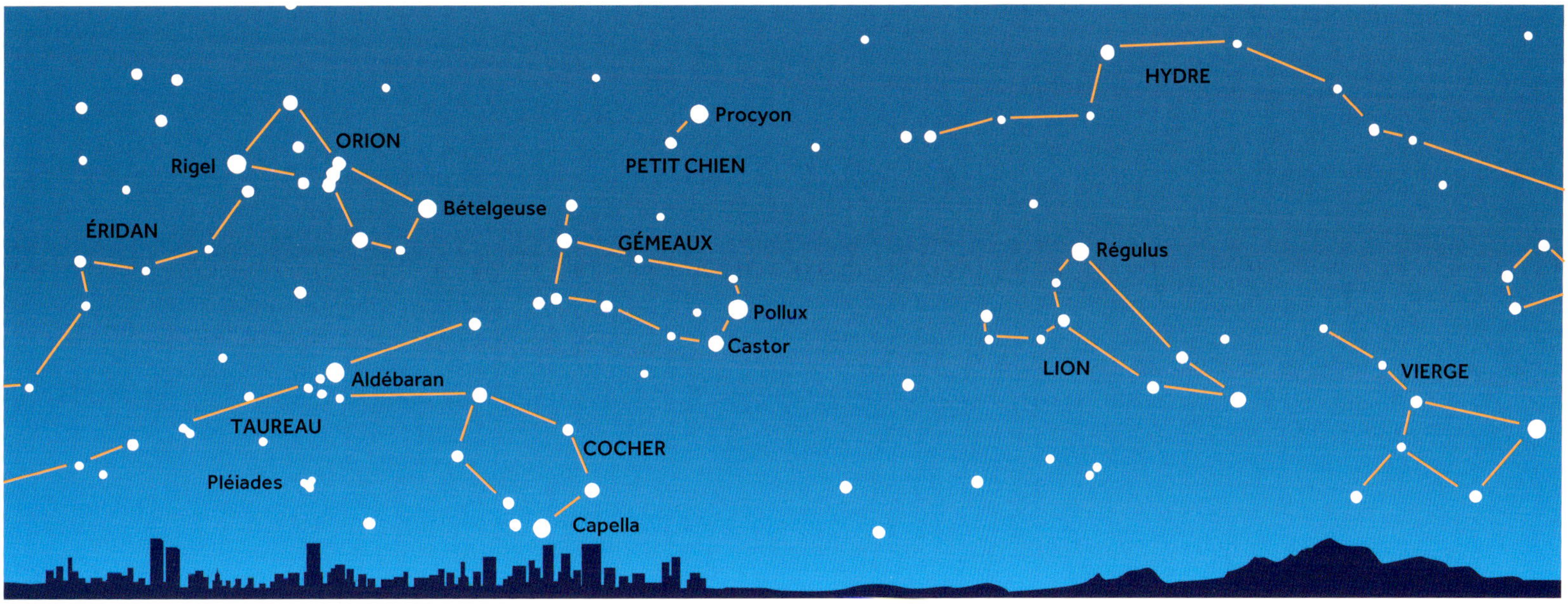

OUEST NORD EST

Étoiles visibles en mars

Il manque dans le ciel de mars l'arc étoilé de la Voie lactée, mais il présente la constellation zodiacale du Lion avec sa faucille facilement identifiable. Quand le Lion apparaît dans le ciel, les jours rallongent et le printemps arrive dans l'hémisphère Nord. Dans l'hémisphère Sud, ce sont les nuits qui rallongent et l'automne s'annonce.

L'HYDRE (TÊTE), HYDRA

L'hydre, la plus grande des 88 constellations, s'étend sur un quart de la sphère céleste. Sa ligne d'étoiles ondulant comme un serpent s'étire presque parallèlement à l'écliptique et aux constellations zodiacales de la Balance, de la Vierge, du Lion et du Cancer, et au sud de ces dernières. Dans la mythologie grecque, l'hydre est le serpent à plusieurs têtes qu'Hercule tue pendant ses douze travaux.

L'Hydre a beau être longue, ses étoiles sont loin d'être spectaculaires. Elle ne possède qu'une étoile que l'on peut considérer comme brillante, la géante orange Alphard de magnitude 2, dont le nom signifie la « solitaire ». On la localise en plongeant au sud à partir de la brillante Régulus dans le Lion (voir page 81 pour l'Hydre).

LE LYNX, LYNX

Le Lynx est une constellation relativement récente, décrite pour la première fois par l'astronome polonais Hevelius au XVIIe siècle. Il a choisi ce nom car il avait l'impression que la constellation ne pouvait être vue qu'avec une excellente vue, un œil de lynx. Elle est peu lumineuse car elle ne possède qu'une seule étoile raisonnablement brillante, Alpha (α), de magnitude 3.

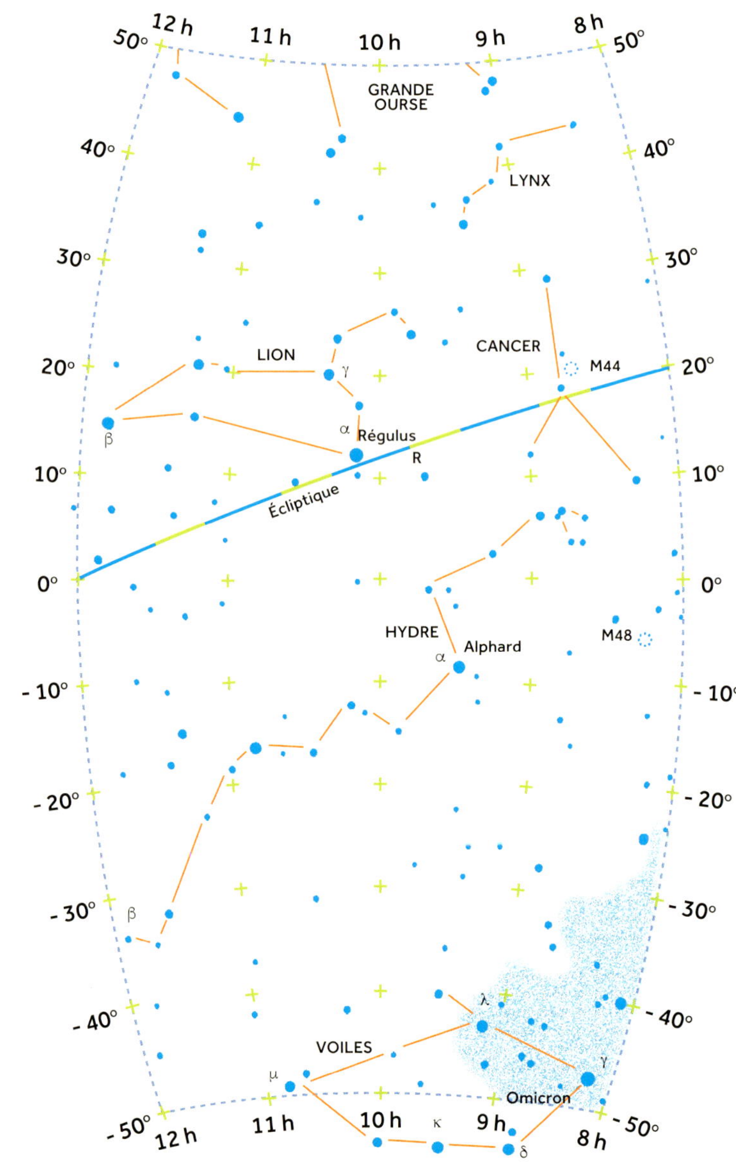

Constellations visibles près du méridien vers 23 h pendant la première semaine de mars.

LE LION, LEO

Cette constellation du zodiaque est composée d'étoiles modérément brillantes. Le Soleil traverse la constellation entre le 10 août et le 16 septembre chaque année. Le Lion ressemble assez à un lion rampant. La ligne courbe d'étoiles qui délimite la tête et le museau de l'animal est appelée la Faucille en raison de sa forme caractéristique. Dans la mythologie, le lion est une des victimes d'Hercule.

L'étoile principale de la constellation est Régulus. On l'appelle aussi Cor Leonis, le Cœur du Lion. C'est une étoile double, comme une autre étoile de la Faucille, Gamma (γ), appelée aussi Algeiba, ou la Crinière du Lion. Toujours sur le devant du lion, on peut voir R, une variable rouge de type Mira qui brille jusqu'à la magnitude 4 et faiblit jusqu'à la magnitude 11 sur une période d'environ 10 mois.

L'extrémité de la queue du lion est marquée par un triangle d'étoiles brillantes. Bêta (β), ou Denebola, est une belle binaire avec des composants jaune doré. Elle est très jolie vue avec un petit télescope. L'extrémité de la queue du lion finit dans la Vierge, une région riche en galaxies.

Le 17 ou le 18 novembre chaque année, le Lion est le théâtre d'un essaim de météoroïtes. Le radiant, c'est-à-dire le point duquel les météorites semblent provenir, se situe dans la Faucille. La source de cet essaim est la poussière laissée sur sa trajectoire par la comète Temple-Tuttle qui passe près du Soleil tous les 33 ans. Par conséquent, on assiste à une véritable pluie de météorites tous les 33 ans, 1999 étant la dernière bonne année en date.

Gravure représentant le Lion et son acolyte, le Petit Lion, Leo Minor. Nous voyons bien que Régulus marque le gros Cœur du Lion.

LES VOILES, VELA

Les Voiles qui faisaient autrefois partie de la grande constellation grecque du Navire Argo (Argo Navis) est l'une des magnifiques constellations du grand sud que les astronomes de l'hémisphère Nord ne peuvent pas voir. Elle est intégrée dans la Voie lactée et contient beaucoup de nébuleuses et d'amas. Gamma (γ) est une étoile multiple qui dévoile jusqu'à quatre composants avec un petit télescope. IC2391, autour d'Omicron, au nord de Delta (δ), est un amas ouvert visible à l'œil nu, mais qui se voit beaucoup mieux avec des jumelles. Delta et Kappa (κ) sont deux des étoiles qui composent la Fausse Croix, avec deux autres étoiles de la Carène (page 60).

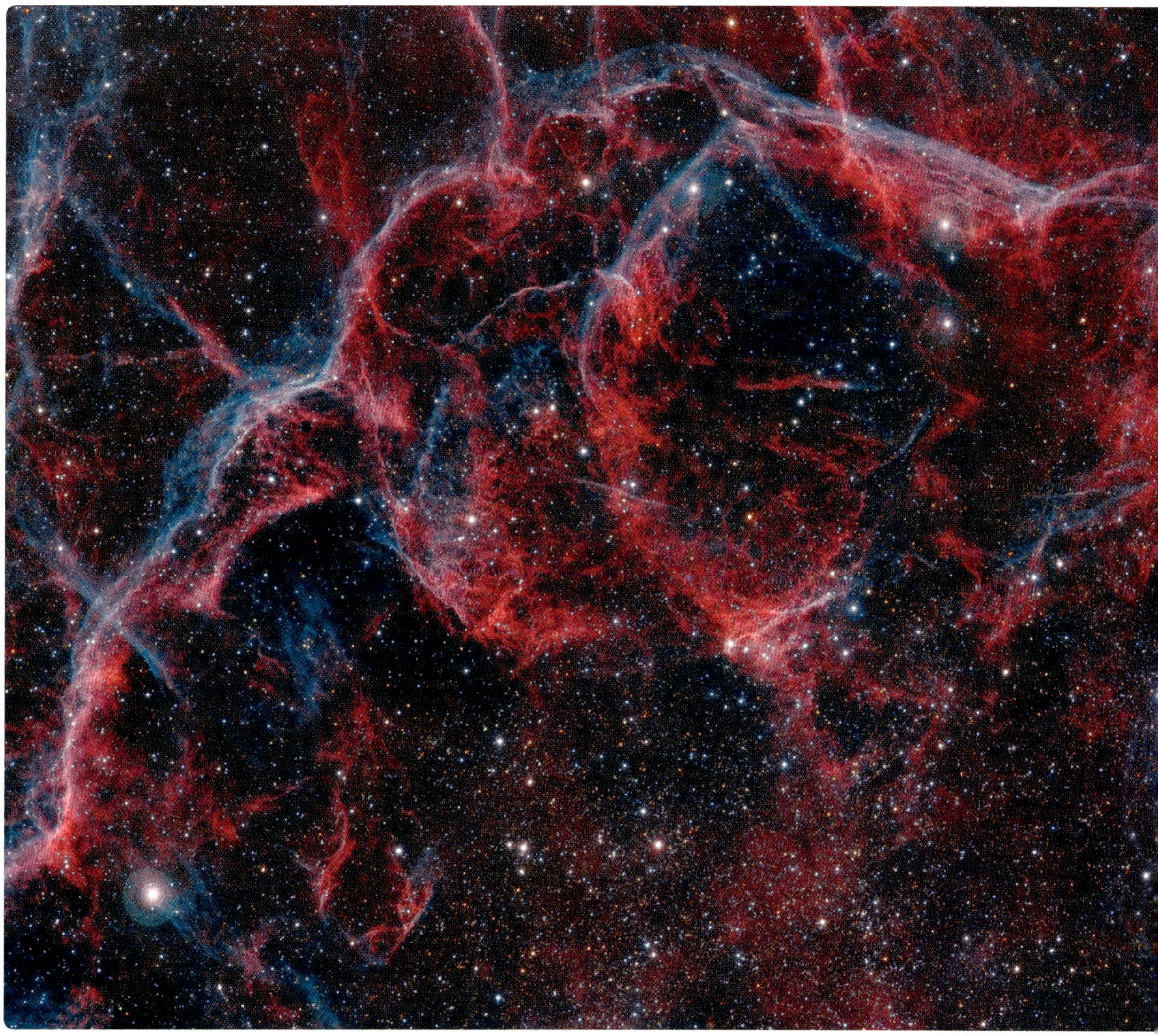

Photographie en pose longue du rémanent de supernova des Voiles, les restes d'une étoile géante qui a explosé dans la constellation il y a 12 000 ans.

Étoiles visibles en mars

EN HAUT : EN REGARDANT VERS LE SUD

Constellations visibles dans l'hémisphère Nord vers 23 h le 7 mars ou autour de cette date.

Orion et le Grand Chien descendent très bas sur l'horizon à l'ouest ; Rigel et Sirius vont bientôt se coucher. Le milieu du ciel est occupé par la ligne d'étoiles peu lumineuses de l'Hydre, le Lion rampe plus haut. Son étoile la plus brillante, Régulus, se trouve plein sud, la courbe d'étoiles en forme de faucille est juste au-dessus. L'étoile principale de la Vierge, Spica, brille fortement au sud-est, formant une paire bien voyante avec Arcturus.

EN BAS : EN REGARDANT VERS LE NORD

Constellations visibles dans l'hémisphère Nord vers 23 h le 7 mars ou autour de cette date.

Céphée se trouve sur le méridien, immédiatement en dessous de Polaris. À l'est et plus bas, se trouve la brillante paire formée par Deneb et Véga. Ce sont deux des trois étoiles (la dernière étant Altaïr) qui vont former le Triangle d'Été. En poursuivant vers l'est, Hercule et le Bouvier grimpent dans le ciel, en prenant en sandwich l'arc d'étoiles qui forme la Croix Boréale (Corona Borealis). De l'autre côté du ciel, le Taureau et le Cocher sont en train de descendre, Aldébaran et Capella, leurs étoiles les plus brillantes, étincelant comme des phares.

HÉMISPHÈRE NORD

OUEST NORD EST

EN HAUT : EN REGARDANT VERS LE SUD

Constellations visibles dans l'hémisphère Sud vers 23 h le 7 mars ou autour de cette date.

Comme toujours, le centre du ciel ne contient pas d'étoiles vraiment brillantes autour du pôle céleste Sud, mais il y en a de nouveau beaucoup au sud-est. La Croix du Sud et le Centaure resplendissent, Alpha et Bêta Centauri étant à présent l'une au-dessus de l'autre. Le Scorpion s'est levé à l'est avec Antarès qui représente son cœur d'une couleur orange remarquable. La Voie lactée est ici somptueusement riche. De l'autre côté du ciel, Canopus est immanquable dans une région autrement dénuée d'intérêt loin de la Voie lactée.

EN BAS : EN REGARDANT VERS LE NORD

Constellations visibles dans l'hémisphère Sud vers 23 h le 7 mars ou autour de cette date.

Orion et le Grand Chien descendent très bas sur l'horizon à l'ouest ; Rigel et Bételgeuse vont bientôt se coucher. Elles forment un cercle d'étoiles brillantes, avec Castor et Pollux dans les Gémeaux tout proches, et Procyon plus haut dans le ciel. Le Lion occupe le milieu du ciel, son étoile la plus brillante, Régulus, est plein nord, avec la courbe en forme de faucille juste en dessous. Spica, l'étoile principale de la Vierge, brille fortement à la même hauteur environ à l'est, formant une paire remarquable avec Arcturus, un peu plus bas.

Étoiles visibles en avril

Le Lion apporte un peu d'intérêt au ciel nocturne, mais, vers le sud, le ciel est relativement vide. Il est en effet occupé par les deux plus grandes constellations, la Vierge et l'Hydre, qui possèdent peu d'étoiles brillantes. La Vierge compte quand même Spica de magnitude 1 qui forme un triangle de printemps/automne remarquable avec deux autres étoiles de brillance équivalente, Régulus dans le Lion et Arcturus dans le Bouvier.

LES CHIENS DE CHASSE, CANES VENATICI

Cette constellation d'étoiles majoritairement peu lumineuses est décevante à l'œil nu, mais beaucoup plus intéressante quand on l'observe avec un télescope.
C'est une constellation relativement récente (XVIIe siècle) dont les sujets sont supposés être les chiens du Bouvier qui lui servent pour la chasse et pour protéger son troupeau des deux ourses (Ursa Major et Minor).

Alpha (α) est une étoile de magnitude 3 qui, vue avec un petit télescope, s'avère être une double. Cette étoile a été baptisée Cor Caroli, le « Cœur de Charles » par Edmond Halley (qui a donné son nom à la célèbre comète). Ce nom fait référence au cœur du roi anglais exécuté, Charles Ier.

La constellation présente deux objets particulièrement intéressants pour les observateurs équipés d'un télescope. Il s'agit d'une part de la galaxie du Tourbillon M51, située sur une ligne entre Alpha et la première étoile du manche de la Grande Casserole, une magnifique galaxie spirale que nous voyons de face ; et d'autre part de M3, un bel amas globulaire. Il se situe à peu près à mi-chemin entre Alpha et la brillante Arcturus dans la constellation voisine du Bouvier. Il se repère facilement avec des jumelles.

LE CORBEAU, CORVUS

Dans la mythologie, cette petite constellation est liée avec l'Hydre (Hydra) et la Coupe (Crater). Apollon avait envoyé le corbeau lui chercher de l'eau dans une coupe, mais ce dernier s'est arrêté en chemin pour manger des figues et a pris du retard. Pour se venger, Apollon a mis le corbeau dans le ciel où, incapable d'attraper la coupe, il reste éternellement assoiffé.

Le Corbeau n'est pas une constellation particulièrement intéressante, mais elle est assez jolie à observer avec des jumelles. Les grands télescopes révèlent en plus une paire de galaxies en interaction reliées par des filaments de gaz lumineux, près de Gamma (γ). On les appelle collectivement la galaxie des Antennes (Antennae) parce qu'elles ressemblent aux antennes enroulées d'un papillon.

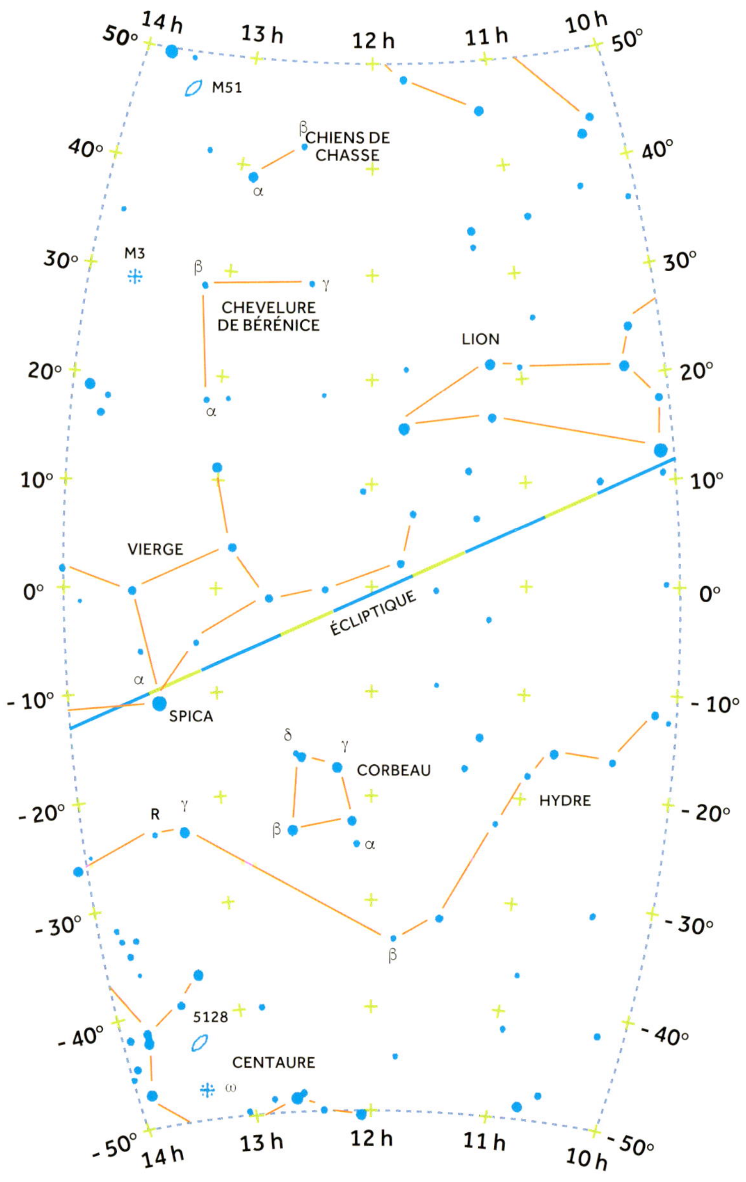

▸ Constellations visibles près du méridien vers 23 h pendant la première semaine d'avril.

L'HYDRE (QUEUE), HYDRE

Près de Gamma (γ) se trouve l'étoile rouge R, une variable de type Mira. Il s'agit d'une géante rouge facilement visible à l'œil nu quand elle est à sa magnitude maximale, mais difficilement repérable avec des jumelles quand elle est au plus faible. Son cycle est d'environ 13 mois (voir aussi page 76 pour l'Hydre).

LA VIERGE, VIRGO

La Vierge est l'une des constellations du zodiaque, elle est prise en sandwich entre le Lion et la Balance. Le Soleil traverse la Vierge entre le 16 septembre et le 31 octobre chaque année. Parmi les constellations, la Vierge occupe la deuxième plus grande région du ciel, après l'Hydre. Elle n'est cependant pas facile à repérer dans le ciel. Elle n'est vraiment impressionnante qu'avec un grand télescope.

Les origines de la Vierge remontent à l'époque babylonienne où elle endossait souvent le rôle d'une déesse mère. Dans la mythologie grecque, elle est la déesse de la justice et parfois une déesse des moissons, ce qui s'exprime dans le nom de l'une des plus belles étoiles de la constellation, Spica ou l'Épi de magnitude 1.

▲ Ci-dessus, à gauche : l'incomparable galaxie du Tourbillon M51, une galaxie spirale vue de face.

▲ Les galaxies des Antennes dans le Corbeau.

Étoiles visibles en avril

EN HAUT : EN REGARDANT VERS LE SUD

Constellations visibles dans l'hémisphère Nord vers 23 h le 7 avril ou autour de cette date.

Orion a pratiquement disparu sous l'horizon à l'ouest où Procyon, Castor et Pollux continuent de briller. Le Lion est toujours bien présent, juste à l'ouest du méridien, et la Vierge occupe à présent le centre de la scène. Haut dans le ciel, à l'est, le Bouvier progresse. On le reconnaît facilement à sa forme en cerf-volant et grâce à la brillante Arcturus à l'extrémité de sa queue. Le reste du ciel est désespérément vide.

EN BAS : EN REGARDANT VERS LE NORD

Constellations visibles dans l'hémisphère Nord vers 23 h le 7 avril ou autour de cette date.

Cassiopée atteint son point le plus bas dans le ciel septentrional, elle est presque sur le méridien. De l'autre côté de Polaris (et hors du cadre ici), la Grande Casserole (ou Grand Chariot) est à son point le plus haut, son manche est à peu près parallèle à l'horizon. À l'est, le Cygne continue son ascension et est à présent entièrement au-dessus de l'horizon. Nous pouvons pleinement apprécier la forme de l'animal représenté par les étoiles brillantes de la constellation. La Voie lactée est presque parallèle à l'horizon, elle traverse le Cygne en passant par les pieds des Gémeaux.

HÉMISPHÈRE NORD

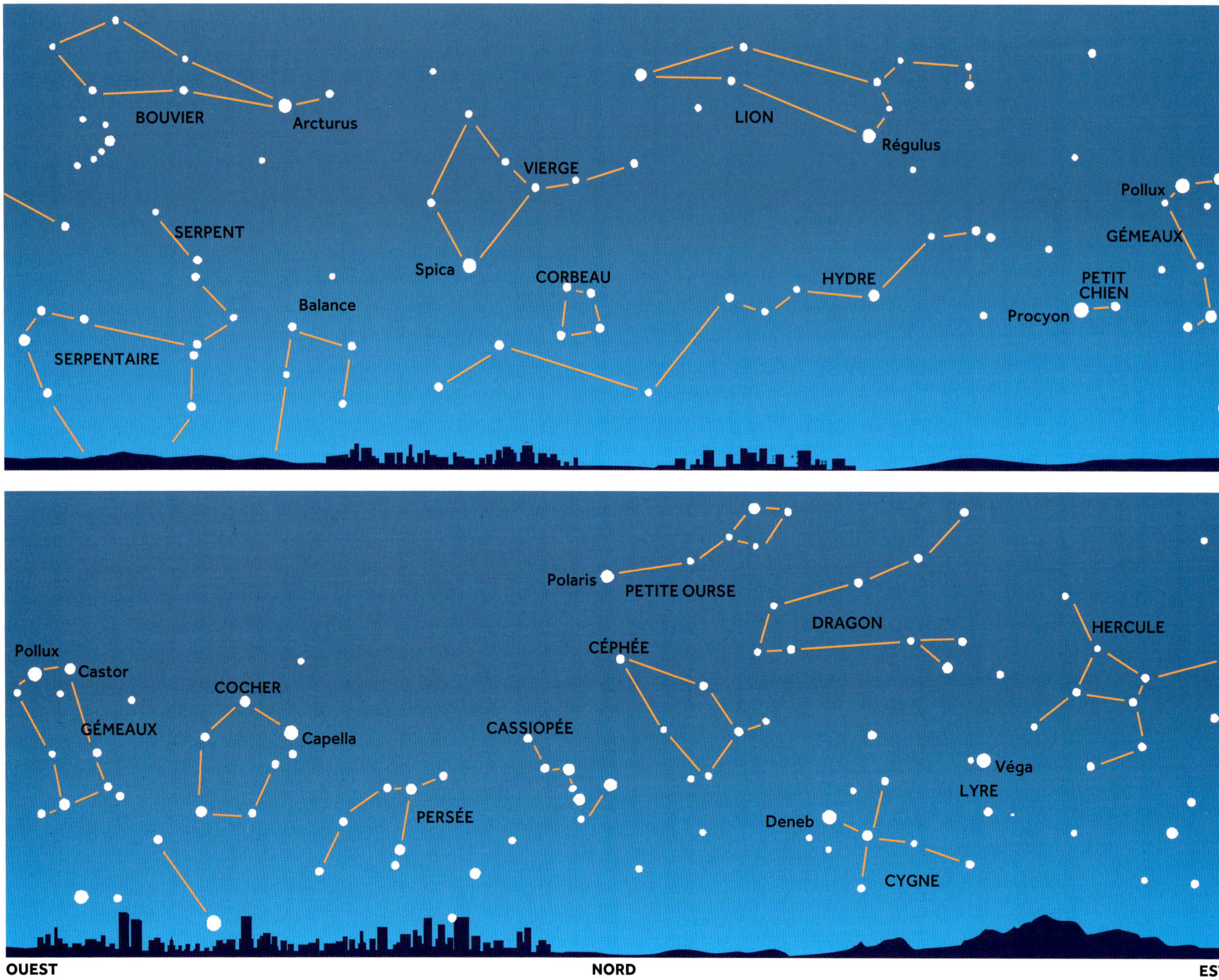

EN HAUT : EN REGARDANT VERS LE SUD

Constellations visibles dans l'hémisphère Sud vers 23 h le 7 avril ou autour de cette date.

La Croix du Sud est sortie du cadre, mais nous savons où elle se trouve grâce à ses pointeurs, Alpha et Bêta Centauri. Elle est presque sur le méridien. Tout en bas, le Toucan (Tucana) a atteint sa position la plus basse dans le ciel, tandis que son voisin le Paon (Pavo) est en pleine ascension. Achernar se trouve elle aussi juste au-dessus de l'horizon austral. Le Scorpion illumine toujours le ciel à l'est, tandis que Sirius a rejoint Canopus à l'ouest.

EN BAS : EN REGARDANT VERS LE NORD

Constellations visibles dans l'hémisphère Sud vers 23 h le 7 avril ou autour de cette date.

À l'ouest, Orion a disparu sous l'horizon et Pollux est le seul jumeau des Gémeaux encore visible. Procyon va elle aussi bientôt se coucher. Le Lion est toujours imposant tandis qu'il dérive vers l'ouest. La Vierge est proche du méridien, mais difficile à repérer. Seule Spica se détache dans le ciel, presque directement au-dessus d'Arcturus dans le Bouvier. Le reste du ciel est quelque peu vide, avec la Balance, le Serpent et le Serpentaire qui se sont levés à l'est.

HÉMISPHÈRE SUD

OUEST NORD EST

Étoiles visibles en mai

Les deux étoiles brillantes qui occupent le milieu du ciel offrent un contraste intéressant. Celle du nord est Arcturus, une géante rouge orange remarquable. Celle du sud, un peu moins lumineuse, est Spica, également une géante, mais blanc pur. À l'exception de ces deux étoiles, le milieu du ciel est vide, occupé uniquement par les étoiles peu lumineuses du Serpent (tête), de la Balance, de la Vierge et de la queue de l'Hydre.

LE BOUVIER, BOOTES

Cette importante constellation de l'hémisphère Nord est facile à reconnaître à sa forme en cerf-volant et grâce à la brillante Arcturus qui ponctue sa queue. Elle se situe au sud de la Grande Ourse (Ursa Major) et est facile à localiser en suivant la courbe des étoiles du manche de la Grande Casserole (Grand Chariot).

Dans la mythologie grecque, le Bouvier est Arcas, le fils de Callisto, qui a été changée en ourse (Ursa Major). Alors qu'il était en train de chasser, le Bouvier ne l'a pas reconnue et s'apprêtait à la tuer quand Zeus (l'ancien amant de Callisto) les plaça tous les deux dans le ciel pour éviter cette tragédie.

Le thème de l'ours est repris dans le nom de l'étoile principale de la constellation, Arcturus, qui signifie « gardien des ours ». Arcturus est une géante rouge environ 20 fois plus grande que le Soleil. Extrêmement lumineuse et relativement proche de nous (25 années-lumière), c'est la quatrième étoile la plus brillante du ciel.

Trois des étoiles les plus brillantes du Bouvier sont des doubles, visibles avec un petit télescope – Epsilon (ε), Xi (ξ) et Mu (μ), que l'on sépare également avec des jumelles. Epsilon est particulièrement jolie, avec des composants rouges et bleu-vert.

LE CENTAURE, CENTAURUS

Cette belle constellation de l'hémisphère Sud est présentée comme constellation clé page 62.

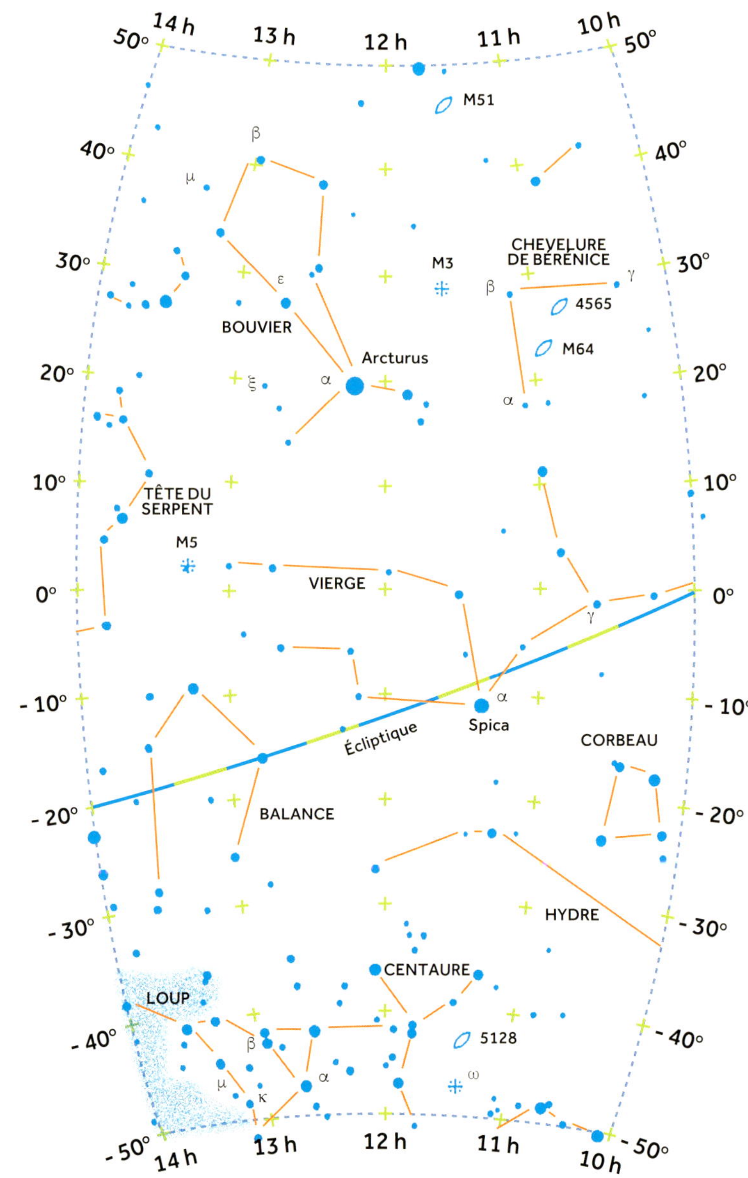

Constellations visibles près du méridien vers 23 h pendant la première semaine de mai.

LA CHEVELURE DE BÉRÉNICE, COMA BERENICES

Cette constellation assez récente (XVIIe siècle) est composée des étoiles peu lumineuses que les Grecs considéraient faire partie de la queue du Lion. Elle représente les longues tresses de la reine égyptienne Bérénice qu'elle a coupées pour remercier les dieux de lui avoir rendu son mari, le roi Ptolémée, sain et sauf après la bataille.

Le seul point d'intérêt de la constellation quand on l'observe à l'œil nu est l'amas distendu d'étoiles peu lumineuses autour de Gamma (γ), qui est beaucoup plus beau avec des jumelles. La Chevelure de Bérénice est un régal pour les observateurs équipés d'un télescope car c'est une région riche en galaxies. Elles se trouvent au sud de Gamma et s'étendent jusqu'à la constellation voisine de la Vierge.

Elles appartiennent au groupement massif de quelque 2 000 galaxies appelé l'amas de la Vierge. La majorité de ces galaxies se trouvent à plus de 60 millions d'années-lumière de nous et sont donc hors de portée de la plupart des télescopes amateurs. D'autres galaxies sont toutefois plus proches et à portée de petits instruments. Elles se situent sur une ligne reliant Gamma et Alpha (α), et comprennent M64 et NGC4565, respectivement la galaxie de l'Œil noir et la galaxie de l'Aiguille.

Le Centaure contient nos voisins les plus proches. Ces deux étoiles brillantes sont Alpha Centauri (à gauche) et Bêta Centauri. L'étoile rouge peu lumineuse au centre du cercle rouge est Proxima Centauri, c'est l'étoile la plus proche de la Terre après le Soleil.

LE LOUP, LUPUS

Cette constellation se trouve sur le bord de la Voie lactée australe, près du Centaure. Avec un petit télescope, on peut voir qu'un grand nombre des étoiles les plus brillantes du Loup sont des étoiles doubles. Il s'agit notamment de Kappa (κ) et Mu (μ).

Le centre de M100 montrant les bras bien nets de sa spirale. C'est l'une des milliers de galaxies dans l'amas de la Chevelure de Bérénice.

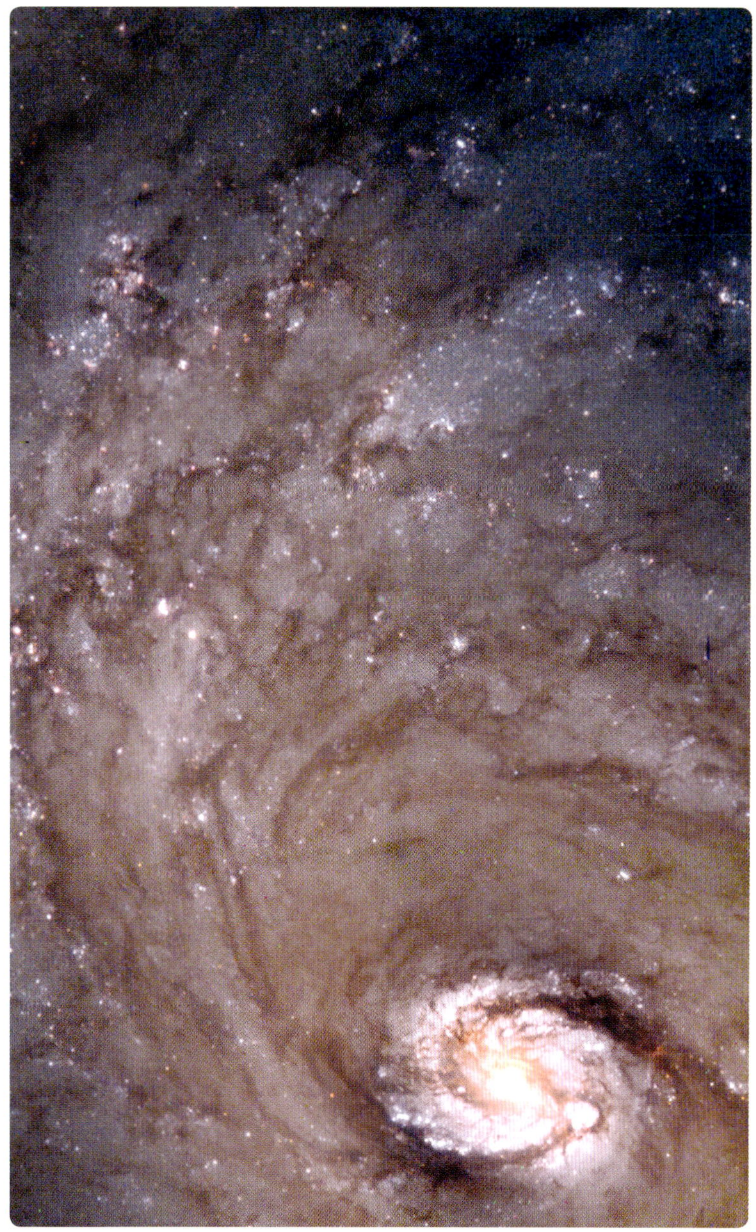

Étoiles visibles en mai

EN HAUT : EN REGARDANT VERS LE SUD

Constellations visibles dans l'hémisphère Nord vers 23 h le 7 mai ou autour de cette date.

Le ciel au niveau du méridien bénéficie de la présence d'Arcturus en hauteur et de Spica plus bas. Leur couleur contraste fortement, Spica étant blanche et Arcturus orange. Bas sur l'horizon au sud-est, le Scorpion (Scorpius) est en train de se lever, avec la rouge Antarès qui représente son cœur, à peine visible dans l'obscurité. À l'extrême est, une autre étoile phare fait acte de présence, c'est Altaïr dans l'Aigle.

EN BAS : EN REGARDANT VERS LE NORD

Constellations visibles dans l'hémisphère Nord vers 23 h le 7 mai ou autour de cette date.

Cassiopée est toujours basse dans le ciel, juste à l'est du méridien. Un deuxième oiseau, un aigle (Aquila) s'est levé à l'est au-dessus de l'horizon pour rejoindre le cygne (Cygnus). Leurs deux étoiles de magnitude 1, Deneb et Altaïr, forment avec Véga dans la Lyre le remarquable Triangle d'été. Parmi les trois, Véga nous apparaît la plus brillante et Deneb la moins brillante (car elle est plus lointaine). En termes absolus cependant, Deneb est de loin la plus brillante, c'est même l'une des étoiles les plus brillantes connues de notre galaxie.

HÉMISPHÈRE NORD

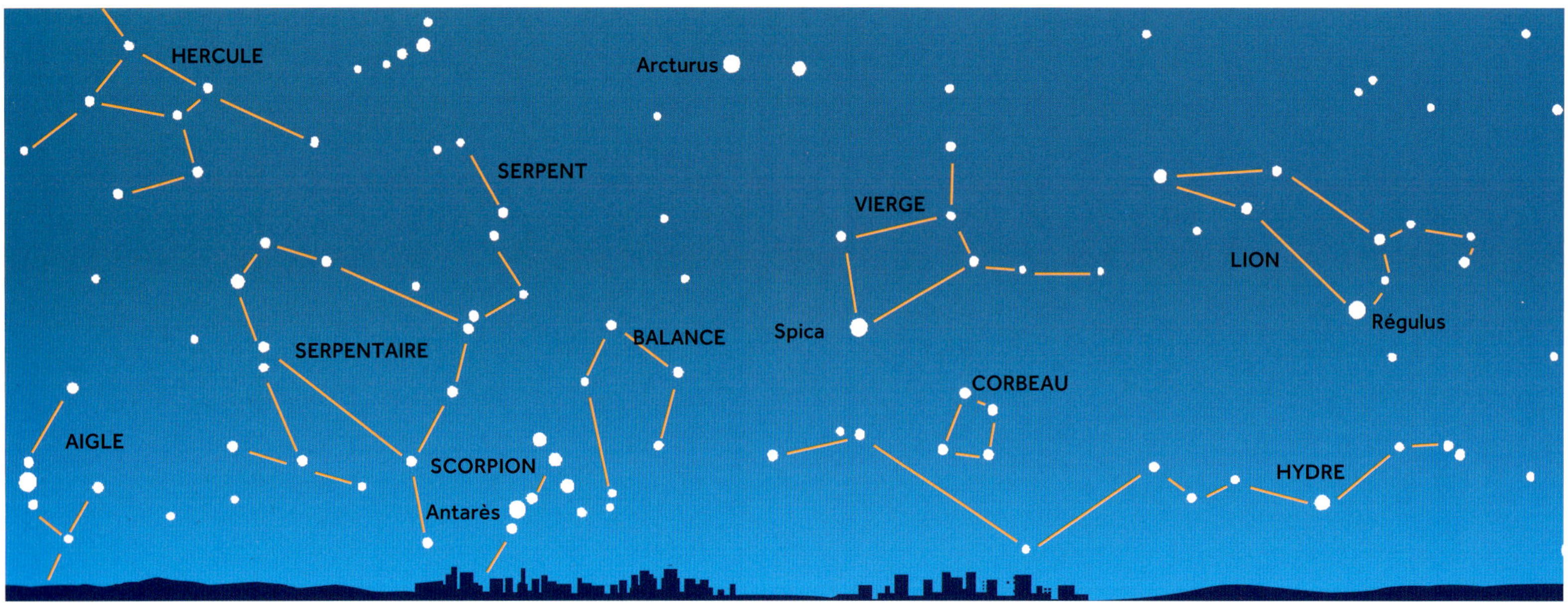

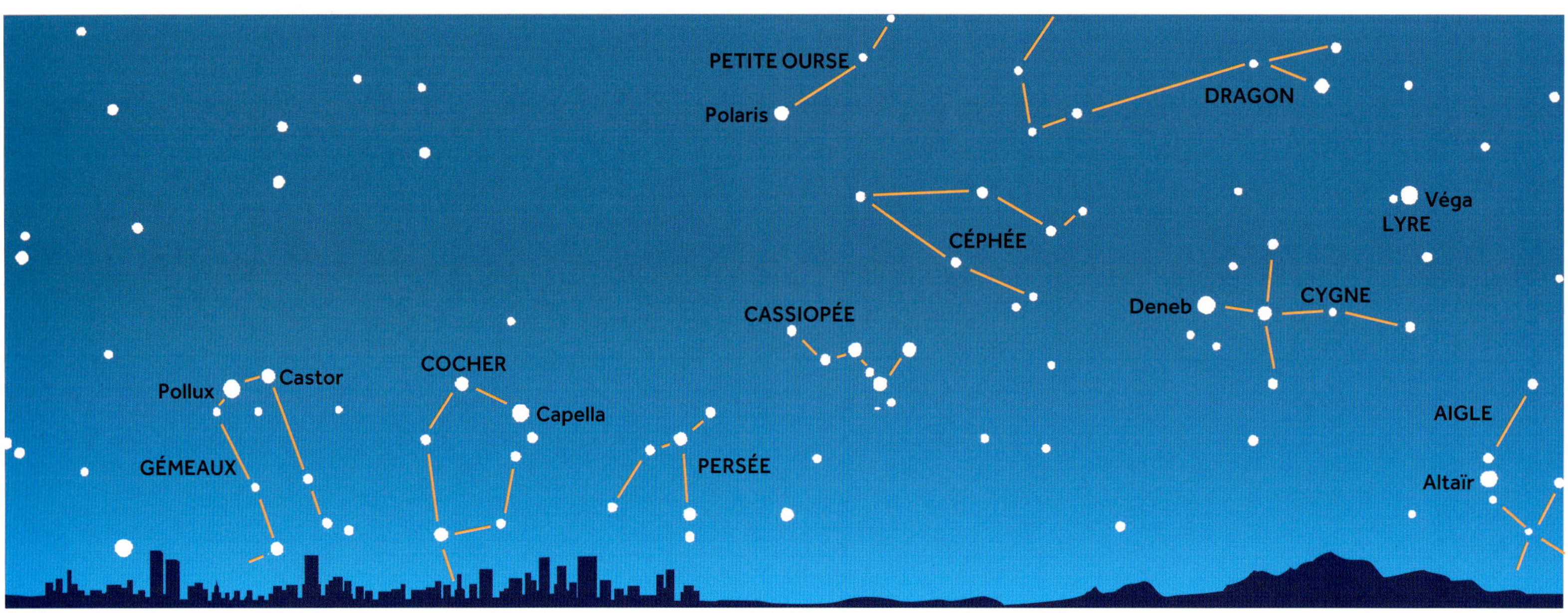

OUEST NORD EST

EN HAUT : EN REGARDANT VERS LE SUD

Constellations visibles dans l'hémisphère Sud vers 23 h le 7 mai ou autour de cette date.

Ce mois-ci, la Voie lactée est particulièrement spectaculaire car elle forme un arc à travers le ciel. Elle s'étire du Sagittaire à l'est jusqu'au Grand Chien qui se couche à présent à l'ouest. Sirius a disparu, ne laissant aucune rivale à Canopus à l'exception d'Achernar qui est beaucoup moins lumineuse. La constellation de Canopus, la Carène, occupe le ciel du sud-ouest avec les Voiles et la Poupe. À l'Antiquité, ces trois constellations formaient ensemble la constellation unique du Navire Argo (Argo Navis).

EN BAS : EN REGARDANT VERS LE NORD

Constellations visibles dans l'hémisphère Sud vers 23 h le 7 mai ou autour de cette date.

Arcturus dans le Bouvier occupe le centre de la scène dans le ciel méridien avec Spica dans la Vierge beaucoup plus haut (juste hors du cadre ici). Leur couleur contraste fortement, Spica étant blanche et Arcturus orange. Très haut à l'extrême est, une autre étoile phare fait acte de présence, Antarès. Hercule s'est maintenant levée au-dessus de l'horizon, mais le ciel de l'est est d'une manière générale décevant. Le ciel de l'ouest est un peu plus intéressant avec le Lion qui s'apprête à se coucher.

HÉMISPHÈRE SUD

OUEST NORD EST

Étoiles visibles en juin

Le ciel des deux hémisphères s'illumine ce mois-ci : Hercule rejoint le Bouvier dans le nord et le Scorpion affirme sa présence dans le sud. L'étoile la plus brillante du Scorpion, Antarès, qui symbolise le cœur du Scorpion, forme un joli triangle avec Arcturus dans le Bouvier et Spica dans la Vierge. Elle est beaucoup plus rouge que l'orange Arcturus.

LA COURONNE BORÉALE, CORONA BOREALIS

La Couronne boréale symbolise la couronne de la princesse Ariane, fille du roi Minos de Crète. Quand elle épousa Dionysos, ce dernier jeta sa couronne dans le ciel et ses joyaux étincelants se transformèrent en étoiles.

L'étoile la plus brillante de la constellation, Alpha (α), nommée à juste titre Gemma, le « joyau », est de magnitude 2. R forme un triangle avec Delta (δ) et Gamma (γ). C'est une variable très inhabituelle qui reste à une magnitude 6 la plupart du temps et se repère donc facilement avec des jumelles. Elle peut cependant faiblir soudainement en quelques semaines à une magnitude inférieure à 10 et disparaître des jumelles. Elle peut rester ainsi pendant plusieurs semaines, voire mois. Les astronomes pensent que l'étoile éjecte périodiquement des nuages de matière carbonique ce qui masque sa luminosité.

HERCULE, HERCULES

Hercule est une constellation tentaculaire de l'hémisphère Nord. Elle occupe la cinquième plus grande région du ciel.
Elle porte le nom du héros grec Hercule (ou Héraclès) qui, d'après la légende, serait l'homme le plus fort qui ait jamais existé. Il est connu pour avoir accompli douze travaux présumés impossibles pour se racheter d'avoir tué sa femme et ses enfants sous l'emprise d'un mauvais sort.

L'étoile la plus brillante, Alpha (α), est une géante variable rouge légèrement orangée. Sa variabilité, entre les magnitudes 3 et 4, est difficile à suivre et n'est pas régulière.

Le plus bel objet d'Hercule est M13, l'amas globulaire le plus remarquable de l'hémisphère Nord. Avec une magnitude de 6 environ, il est juste visible à l'œil nu et facile à localiser avec des jumelles. Les télescopes révèlent une immense congrégation d'étoiles collées les unes aux autres.

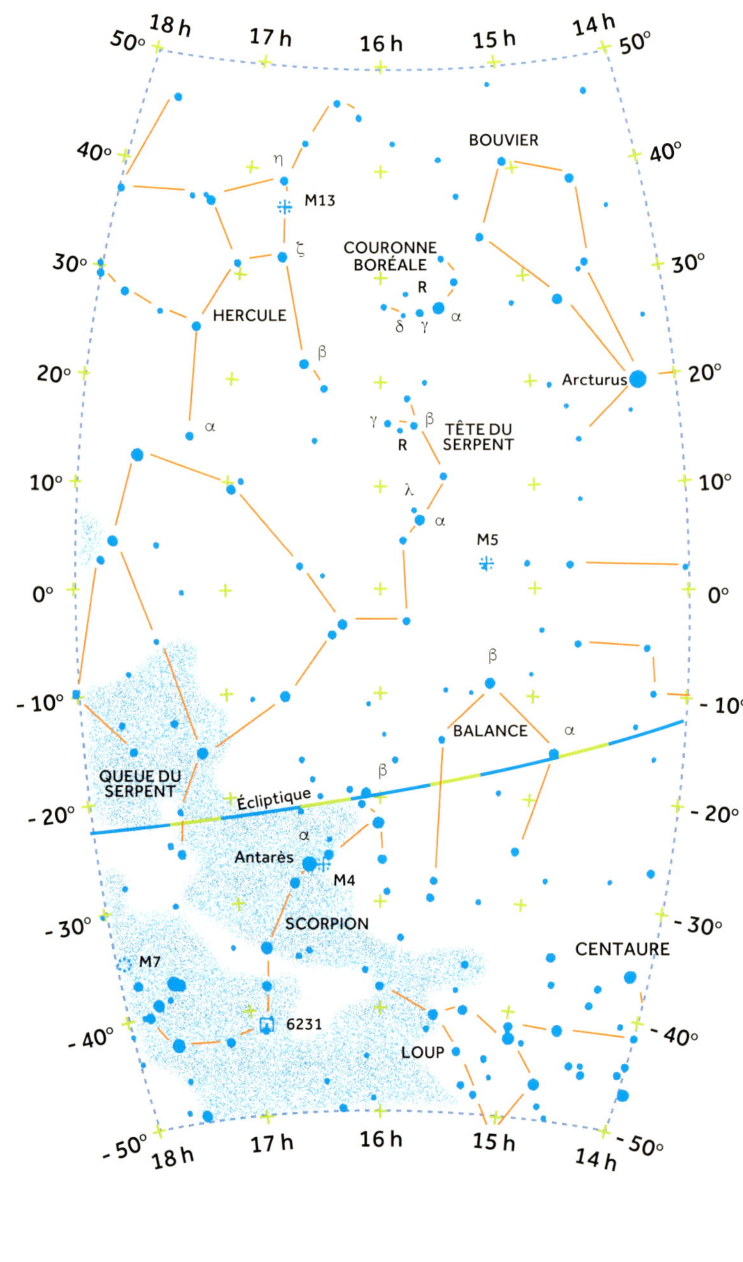

Constellations visibles près du méridien vers 23 h pendant la première semaine de juin.

LA BALANCE, LIBRA

La Balance est l'une des constellations les moins lumineuses du zodiaque. Le Soleil traverse la Balance entre le 31 octobre et le 23 novembre chaque année. Cette constellation est habituellement associée avec la balance de la justice tenue par la Vierge qui se trouve juste à côté. Alpha (α) est une étoile double, dont les deux composantes sont bien visibles avec des jumelles. Bêta (β) est en fait légèrement plus brillante qu'Alpha et présente une inhabituelle coloration verdâtre.

LA TÊTE DU SERPENT, SERPENS CAPUT

Le Serpent est la seule des 88 constellations à être divisée en deux. Le Serpentaire (Ophiuchus) sépare le Serpent en deux parties : Caput, la Tête et Cauda, la Queue. Les quatre étoiles principales s'observent bien avec des jumelles.

La constellation peut aussi se targuer de la présence de M5, l'un des plus beaux amas globulaires de l'hémisphère Nord, tout juste visible à l'œil nu. On le trouve aisément en tirant une ligne vers le sud, passant par Lambda (λ) et Alpha (α).

▲ L'amas globulaire M5 dans le Serpent est l'une des merveilles de cette constellation.

LE SCORPION, SCORPIUS

Cette constellation zodiacale est la constellation clé de ce mois (voir page 90).

▶ Spectacle de lumière cosmique dans la nébuleuse de l'Aigle, située dans la constellation du Serpent.

LE SCORPION : SCORPIUS

Les étoiles brillantes de cette constellation délimitent les pinces ouvertes, le corps et la queue recourbée d'un scorpion prêt à infliger sa piqûre mortelle. Dans la mythologie grecque, le Scorpion pique Orion à mort. Dans le ciel, les deux constellations ne sont jamais visibles en même temps – Orion se lève quand le Scorpion se couche.

Le Scorpion est l'une des constellations du zodiaque. Le Soleil traverse le Scorpion entre le 23 et le 29 novembre chaque année.

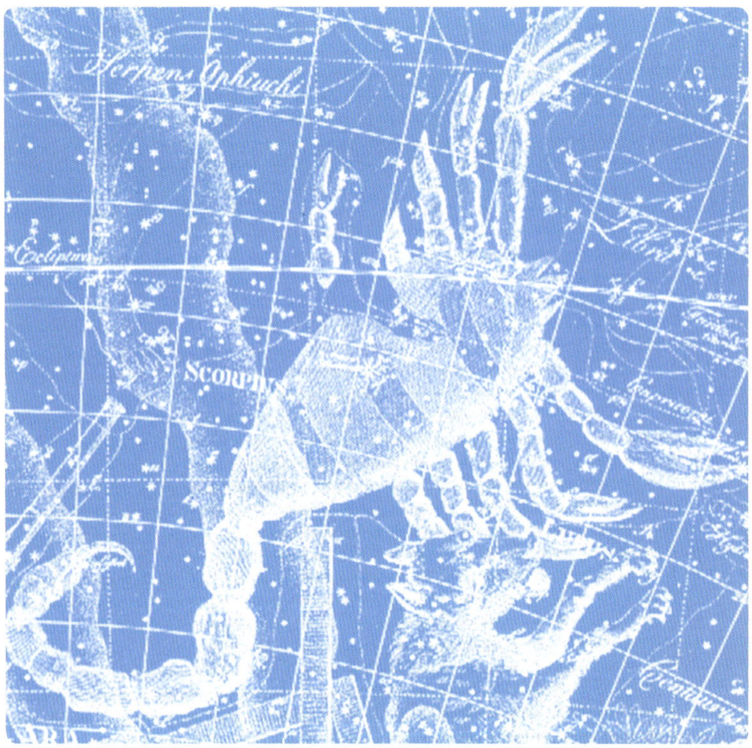

LA RIVALE DE MARS

Antarès brille plus que toutes les autres étoiles du Scorpion. Son nom signifie « rivale de Mars » parce que c'est une étoile très rouge, d'une couleur similaire à celle de la « planète rouge ». Antarès est également entourée d'un grand nuage rouge qui apparaît sur les photographies en pose longue. C'est une supergéante des centaines de fois plus grande que le Soleil. Comme de nombreuses étoiles gigantesques, elle est instable et sa magnitude varie sur une période d'environ cinq ans.

Le Scorpion s'intègre dans l'une des régions les plus riches de la Voie lactée. L'observation de cette constellation avec des jumelles est extrêmement gratifiante et offre un véritable foisonnement de nuages et d'amas stellaires, et de nébuleuses étincelantes. Cette région est remplie de merveilles astronomiques parce qu'elle est proche du centre de notre galaxie qui se trouve dans le Sagittaire voisin.

De nombreux objets du ciel profond sont visibles à l'œil nu et spectaculaires avec des jumelles. Au nord de la queue se trouvent deux autres amas, M6 et M7. Des jumelles révèlent que M6 est composé d'étoiles disposées comme un insecte avec les ailes ouvertes, ce qui lui a valu le nom d'amas du Papillon. De magnitude 4 environ, M6 est facile à repérer à l'œil nu, de même que M7, de magnitude 3, un amas plus large qui ressort devant la Voie lactée.

Le plus brillant des amas globulaires de la constellation est M4, juste à côté d'Antarès. Il se situe à la limite de visibilité à l'œil nu, mais peut être difficile à repérer du fait de la luminosité d'Antarès. Avec des jumelles, on le trouve immédiatement parce qu'il est dans le même champ de vision qu'Antarès.

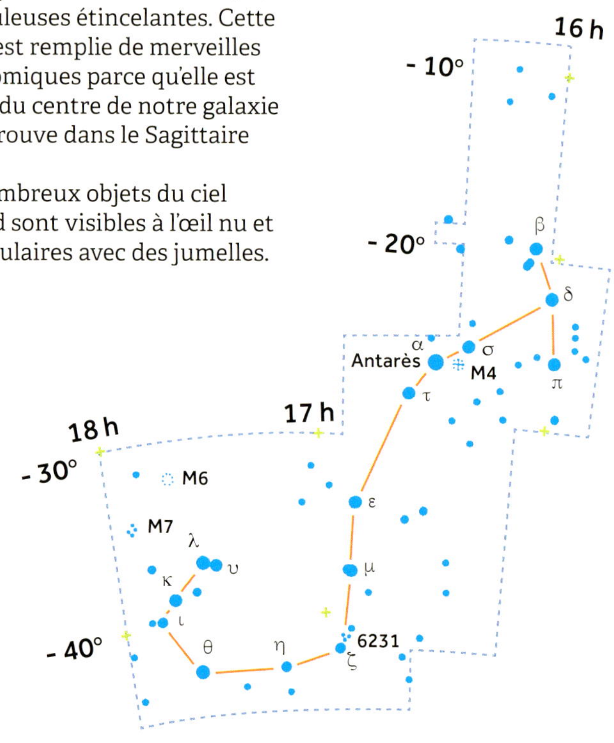

NGC6357 est une nébuleuse diffuse dans la constellation du Scorpion. Pismis 24 se trouve dans son noyau.

De nombreuses naines blanches ont été découvertes dans l'amas globulaire M4 dans le Scorpion.

Étoiles visibles en juin

EN HAUT : EN REGARDANT VERS LE SUD

Constellations visibles dans l'hémisphère Nord vers 23 h le 7 juin ou autour de cette date.

Le Serpentaire s'approche du méridien, avec la tête et la queue du Serpent. La plus grande partie du ciel est vide. Des étoiles encerclent cette zone avec Véga haut dans le ciel à l'est, suivie à l'ouest par Altaïr, Antarès, Spica et, bien au-dessus de Spica, Arcturus. Le Lion va bientôt se coucher sous l'horizon ouest. Toutefois, une autre merveille du sud, le Sagittaire, vient de se lever au sud-est.

EN BAS : EN REGARDANT VERS LE NORD

Constellations visibles dans l'hémisphère Nord vers 23 h le 7 juin ou autour de cette date.

La Grande Casserole apparaît à l'ouest, tandis que Cassiopée poursuit son ascension à l'est. Deneb et les deux autres étoiles du Triangle d'été, Altaïr et Véga, montent également haut dans le ciel. Pendant ce temps, Andromède et Pégase sont apparues à l'est. Cependant, la tache brumeuse et peu lumineuse de la galaxie d'Andromède peut être difficile à repérer dans le ciel clair estival. Les observateurs ne devraient avoir aucun mal à localiser les quatre étoiles brillantes pratiquement alignées à l'ouest : Régulus, Pollux, Castor et Capella.

HÉMISPHÈRE NORD

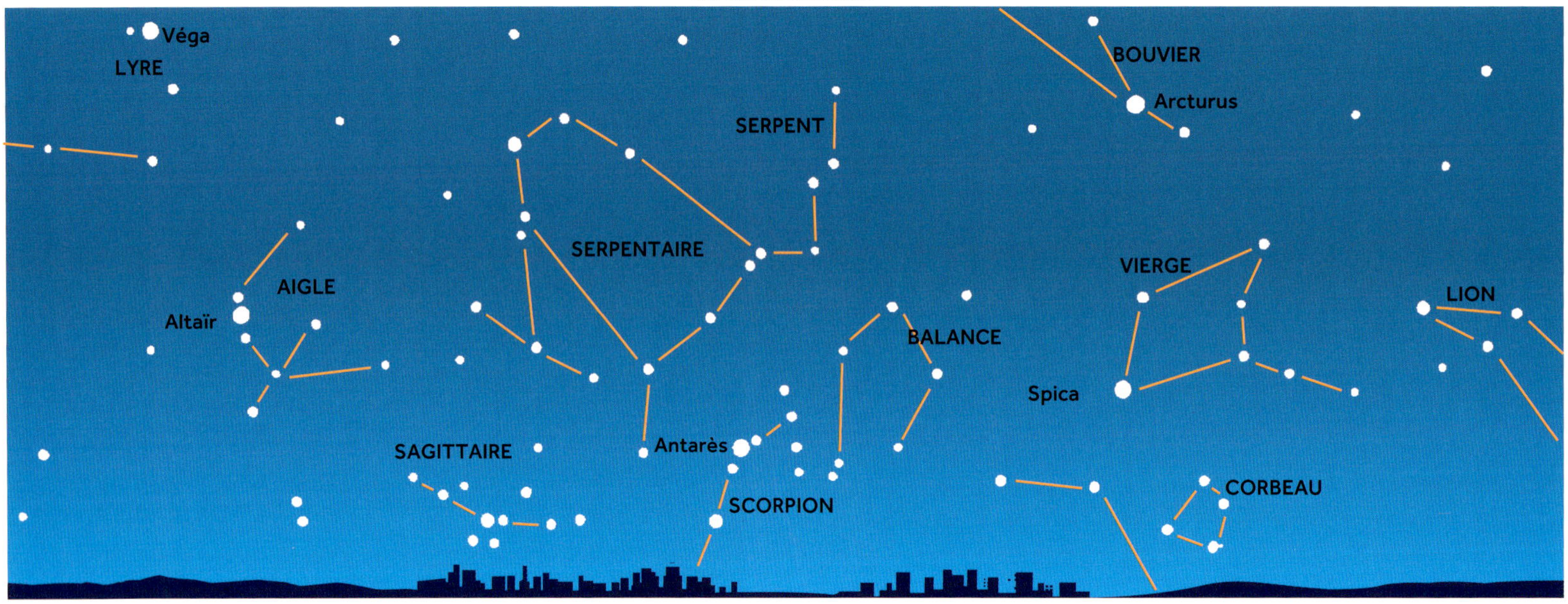

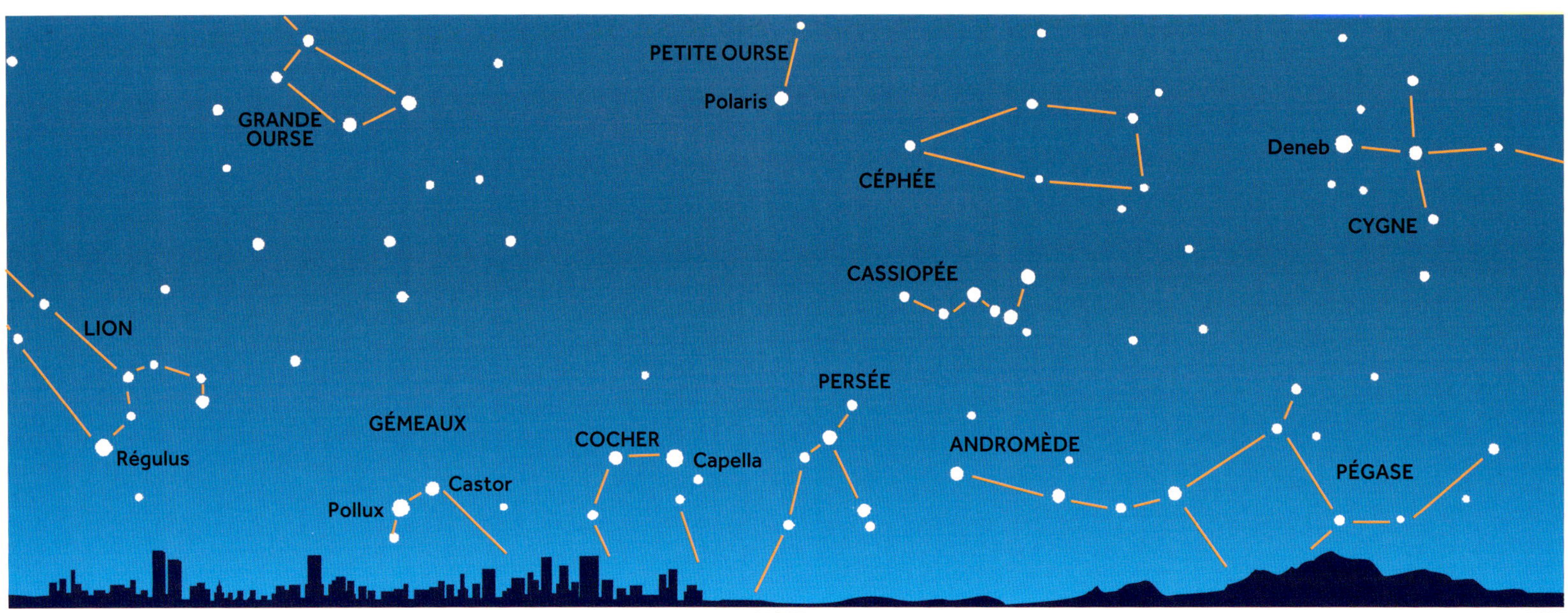

EN HAUT : EN REGARDANT VERS LE SUD

Constellations visibles dans l'hémisphère Sud vers 23 h le 7 juin ou autour de cette date.

Le bien nommé Triangle austral (Triangulum Australe) se trouve sur le méridien ce mois-ci. La partie la plus brillante du ciel est dans le sud-ouest où le Centaure et la Croix du Sud ont réapparu. La Carène et les Voiles sont toujours bien visibles plus bas, avec Canopus tout près de l'horizon. Le ciel du sud-est est dominé par trois des oiseaux du sud : le Paon (Pavo), le Toucan (Tucana) et la Grue (Grus). Le Poisson austral (Piscis Austrinus), avec son étoile la plus brillante, Fomalhaut, se lève tout juste, peut-être imprudemment, sous la grue.

EN BAS : EN REGARDANT VERS LE NORD

Constellations visibles dans l'hémisphère Sud vers 23 h le 7 juin ou autour de cette date.

Le faible Serpentaire s'approchant du méridien, flanqué de la tête et de la queue du Serpent, la majeure partie du ciel est vide. Une courbe d'étoiles brillantes encercle cette zone avec d'abord Spica haut dans le ciel à l'ouest, suivie à l'est par Arcturus, Véga (près de l'horizon) et Altaïr. Les constellations habituelles de l'hémisphère Nord, le Bouvier et Hercule, apparaissent de chaque côté du méridien, avec la courbe de la Couronne boréale entre elles deux.

HÉMISPHÈRE SUD

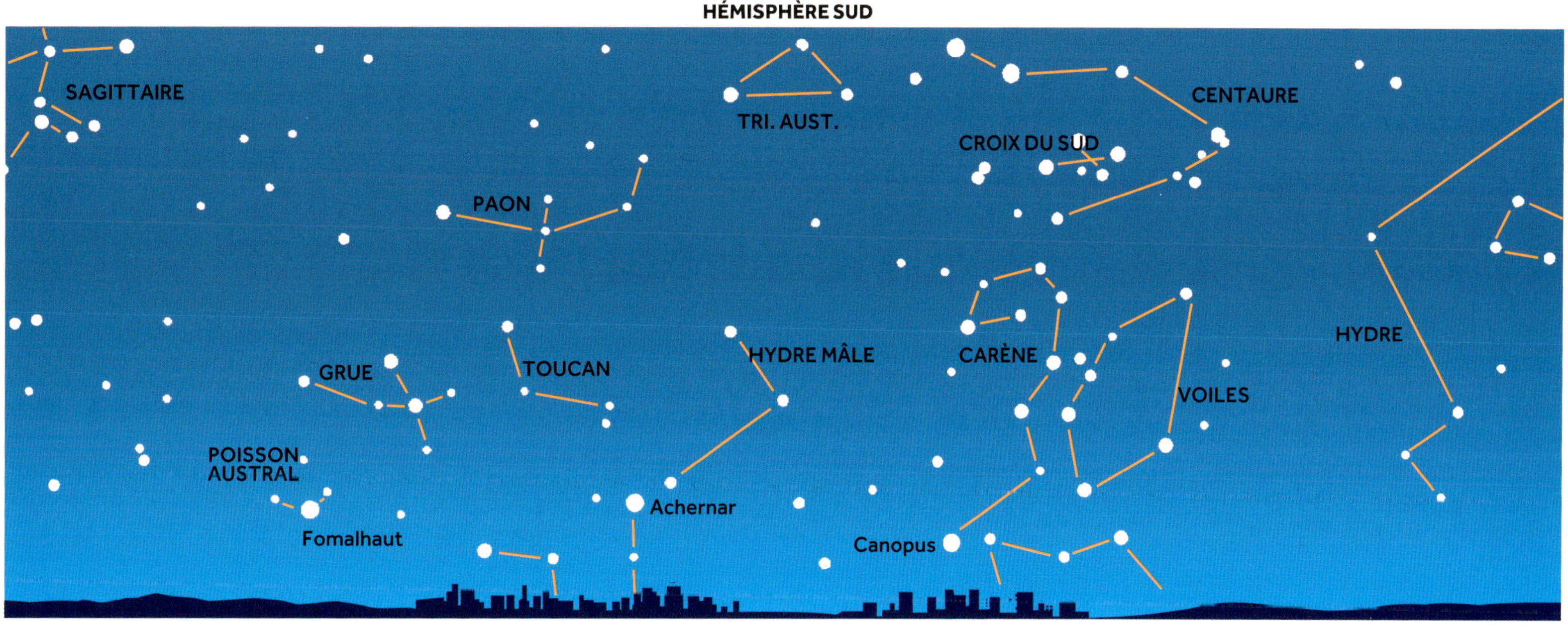

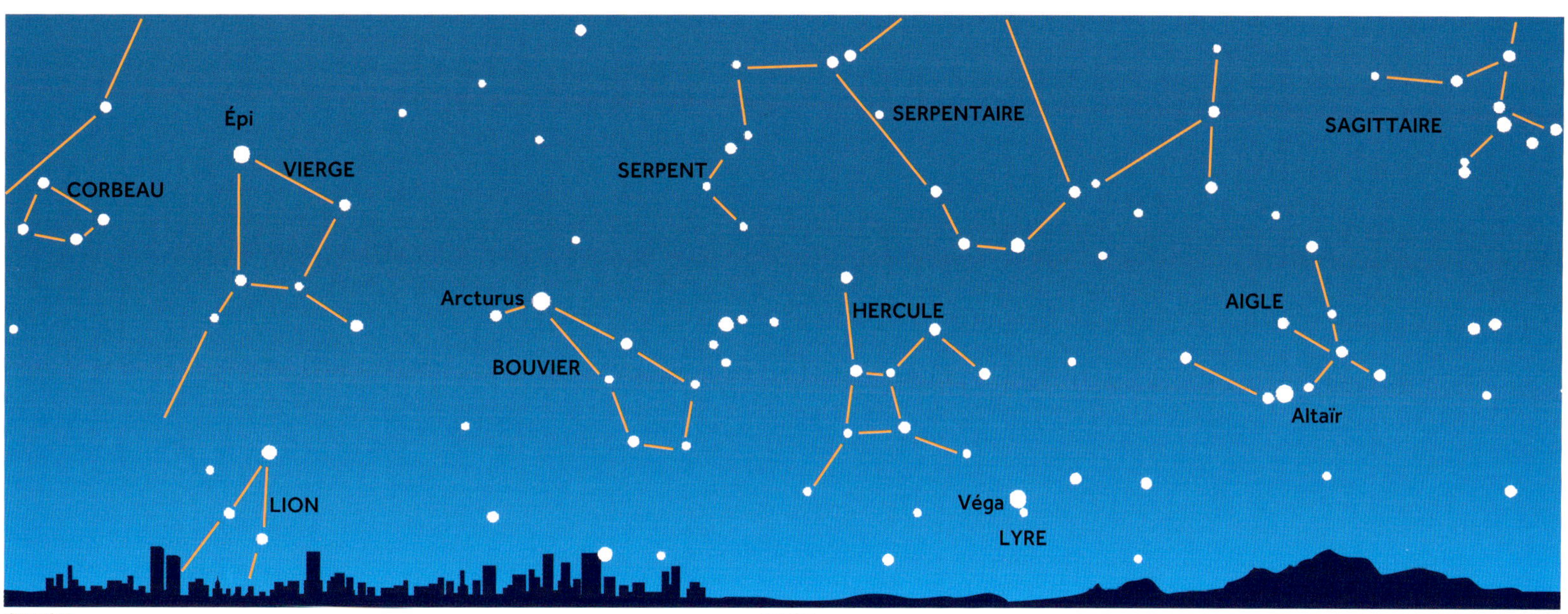

OUEST **NORD** **EST**

Étoiles visibles en juillet

Ce mois montre trois étoiles phares qui annoncent l'été : Deneb dans le Cygne, Véga dans la Lyre et Altaïr dans l'Aigle, qui forment le remarquable Triangle d'été. Le nom peut être utilisé par les observateurs dans l'hémisphère Sud même si là-bas, bien sûr, c'est à présent l'hiver ! En juillet, le ciel est exceptionnel, le Scorpion est toujours bien visible et le Sagittaire le poursuit tandis que le ciel tourne. Malheureusement les observateurs dans l'hémisphère Nord ne peuvent qu'entrapercevoir ces magnifiques constellations.

LA LYRE, LYRA

Le musicien le plus célébré de la mythologie grecque, Orphée, jouait de la lyre. La Lyre n'est qu'une minuscule constellation, mais elle regorge de points d'intérêt. Elle ne possède qu'une seule étoile brillante, Véga, qui est la cinquième étoile la plus brillante du ciel.
On l'appelle parfois la Harpe, mais son nom signifie « aigle plongeant » en arabe, car les Arabes trouvaient que la constellation ressemblait à un aigle. En 10 000 av. J.-C., Véga était l'étoile Polaire et le redeviendra en 14 500. En effet, l'axe de la Terre change progressivement de direction dans l'espace, suivant un mouvement appelé « précession ».

Tout près de Véga se trouve une étoile que les astronomes de l'hémisphère Nord apprécient tout particulièrement. C'est la « double double » Epsilon (ε). Les personnes jouissant d'une excellente vue peuvent réussir à voir qu'il s'agit d'une étoile double à l'œil nu et les deux étoiles du couple se dissocient facilement avec des jumelles. Avec un petit télescope, chaque étoile de la paire peut aussi être vue comme une double.

Bêta (β) est une autre étoile fascinante. Elle est composée d'une petite étoile brillante et d'une grande étoile plus faible. Les deux tournent l'une autour de l'autre et tous les 13 jours, la plus faible recouvre la plus brillante ce qui fait baisser brièvement la luminosité de Bêta.

LE SERPENTAIRE, OPHIUCHUS

Cette grande constellation représente un homme portant un serpent. Comme le serpent mue chaque année, il est depuis longtemps un symbole de guérison et de renouveau. En tant que constellation, le Serpentaire coupe le Serpent (Serpens) en deux : Caput, la Tête et Cauda, la Queue. Ses étoiles ne sont pas particulièrement impressionnantes, Alpha (α) n'étant que de magnitude 2.

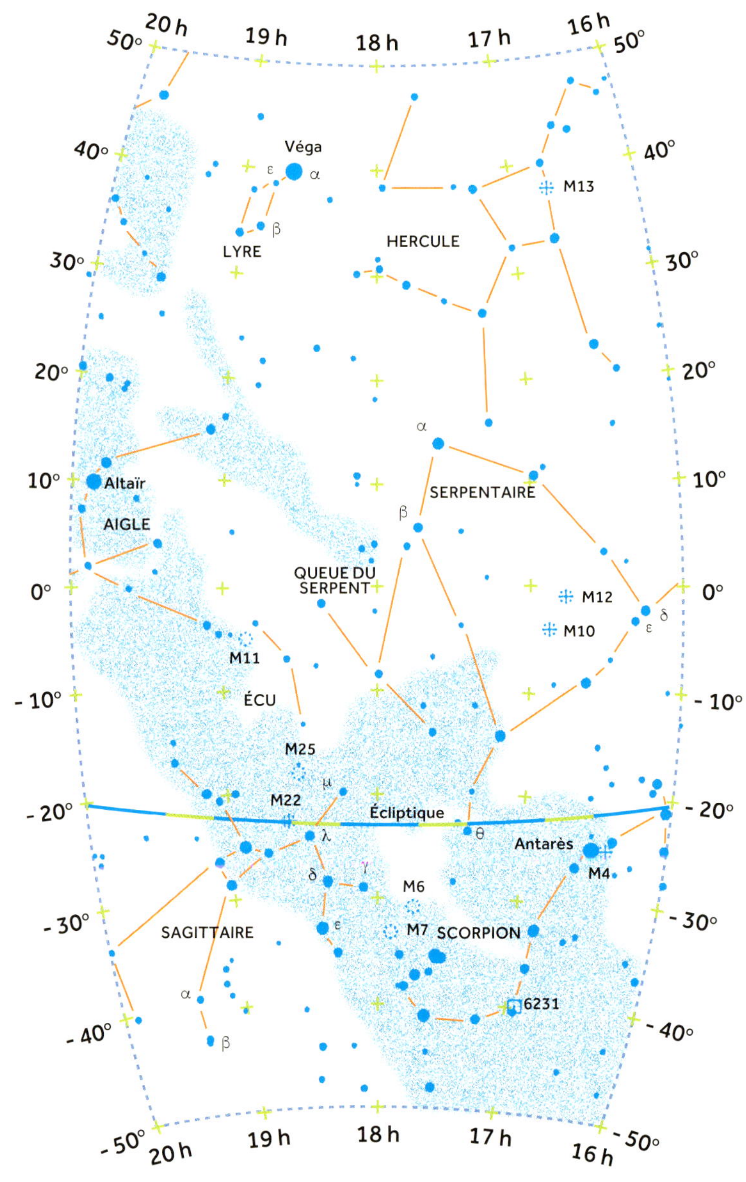

Constellations visibles près du méridien vers 23 h pendant la première semaine de juillet.

LE SAGITTAIRE, SAGITTARIUS

Le Soleil traverse cette constellation du zodiaque entre le 18 décembre et le 19 janvier chaque année. Le Sagittaire est l'une des constellations les plus spectaculaires. Elle se trouve dans la région la plus riche de la Voie lactée. Le centre de notre galaxie se situe dans cette direction.

Les Grecs ont pensé au personnage de Crotos, le fils du dieu joueur de flûte Pan, qui a inventé l'arc. C'est un centaure, une créature mi-homme, mi-cheval. Il bande un arc dont la flèche vise Antarès, le cœur du Scorpion.

Le groupe de cinq étoiles au centre de la constellation est parfois surnommé le « pot à lait » à cause de sa forme et parce qu'il semble « verser » quelque chose dans la Voie lactée. Si l'on ajoute Gamma (γ), Epsilon (ε) et Delta (δ) à ce groupe, il devient la Théière, avec son couvercle pointu et son long bec.

Individuellement, les étoiles de la constellation ne sont pas très intéressantes, même si Bêta (β) est une étoile double visible à l'œil nu et avec des jumelles. C'est dans l'environnement de la Voie lactée que le Sagittaire est si spectaculaire. On y trouve une multitude d'amas globulaires, dont le plus magnifique est M22, le troisième amas globulaire le plus brillant du ciel qui est, en plus, visible à l'œil nu. La région à l'ouest des étoiles Lambda (λ) et Mu (μ) est particulièrement riche en amas et en nébuleuses dont la nébuleuse du Lagon (M8) et Trifide (M20).

LA QUEUE DU SERPENT, SERPENS CAUDA

La queue de la constellation du Serpent est beaucoup moins impressionnante que sa tête (La tête du serpent, voir page 89). Sa partie sud trempe dans la Voie lactée, et dans cette région, juste à l'ouest de Gamma (γ) près de l'Écu, se trouve la très belle nébuleuse de l'Aigle (M16). C'est le site de l'une des photographies les plus impressionnantes du télescope spatial *Hubble* appelée les Piliers de la Création (voir pages suivantes).

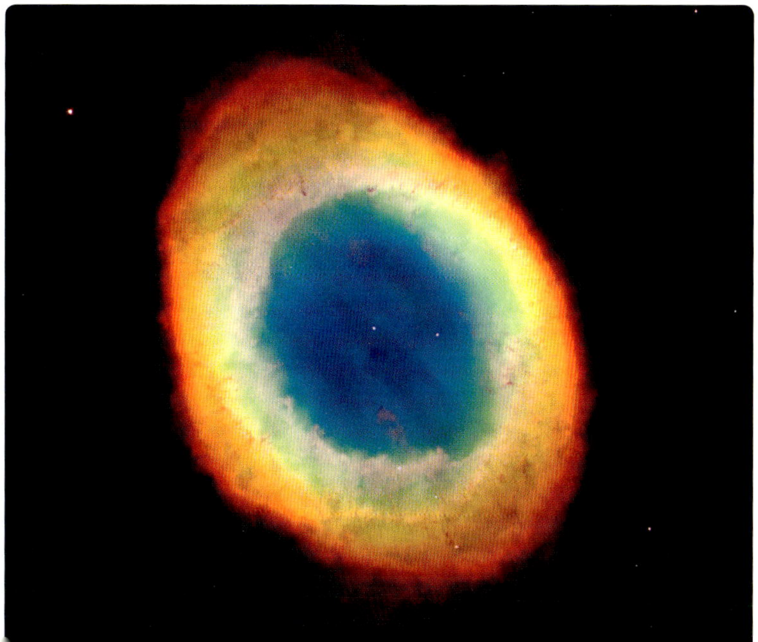

◀ L'un des objets les plus connus de la Lyre, la nébuleuse planétaire qui ressemble à un anneau de fumée. Elle est surnommée la nébuleuse de l'Anneau.

▲ Nuages dans la nébuleuse de l'Aigle où naissent des étoiles.

Le télescope spatial de la NASA *Hubble* a capturé pour la première fois cette spectaculaire vue des « Piliers de la Création » en 1995.
Le cliché montre trois grosses colonnes de gaz éclairées par la lumière ultraviolette provenant d'un amas de jeunes étoiles dans la nébuleuse de l'Aigle ou M16.

En retournant sur le site de sa photographie la plus emblématique, le télescope spatial *Hubble* de la NASA et de l'ESA a de nouveau immortalisé les piliers.
À la lumière infrarouge, les célèbres piliers se révèlent entourés d'étoiles en formation.

Étoiles visibles en juillet

EN HAUT : EN REGARDANT VERS LE SUD

Constellations visibles dans l'hémisphère Nord vers 23 h le 7 juillet ou autour de cette date.

Juillet est également un bon mois pour plonger le regard dans l'hémisphère Sud. C'est le mois pendant lequel les observateurs peuvent voir le Sagittaire le plus loin au-dessus de l'horizon, même si le Scorpion commence quant à lui à se coucher. Arcturus et Spica (tout en bas) forment une paire brillante à l'ouest. L'Aigle rejoint le méridien et Altaïr est bien brillante. Deneb dans le Cygne, Véga dans la Lyre juste au-dessus (et hors du cadre ici) et Altaïr dessinent l'imposant Triangle d'été.

EN BAS : EN REGARDANT VERS LE NORD

Constellations visibles dans l'hémisphère Nord vers 23 h le 7 juillet ou autour de cette date.

Les deux ourses, Ursa Major et Minor, sont à présent en train de descendre. Régulus a disparu sous l'horizon occidental et le reste de la constellation du Lion va bientôt la suivre. Capella est bien visible, très bas au niveau de l'horizon nord tandis que le Bouvier enjambe le méridien. Cassiopée continue d'enchanter le milieu du ciel à l'est et l'arrière-plan étoilé de la Voie lactée est un véritable régal pour les observateurs munis de jumelles. Andromède est à présent mieux placée pour être observée et le Grand Carré de Pégase s'est complètement levé.

HÉMISPHÈRE NORD

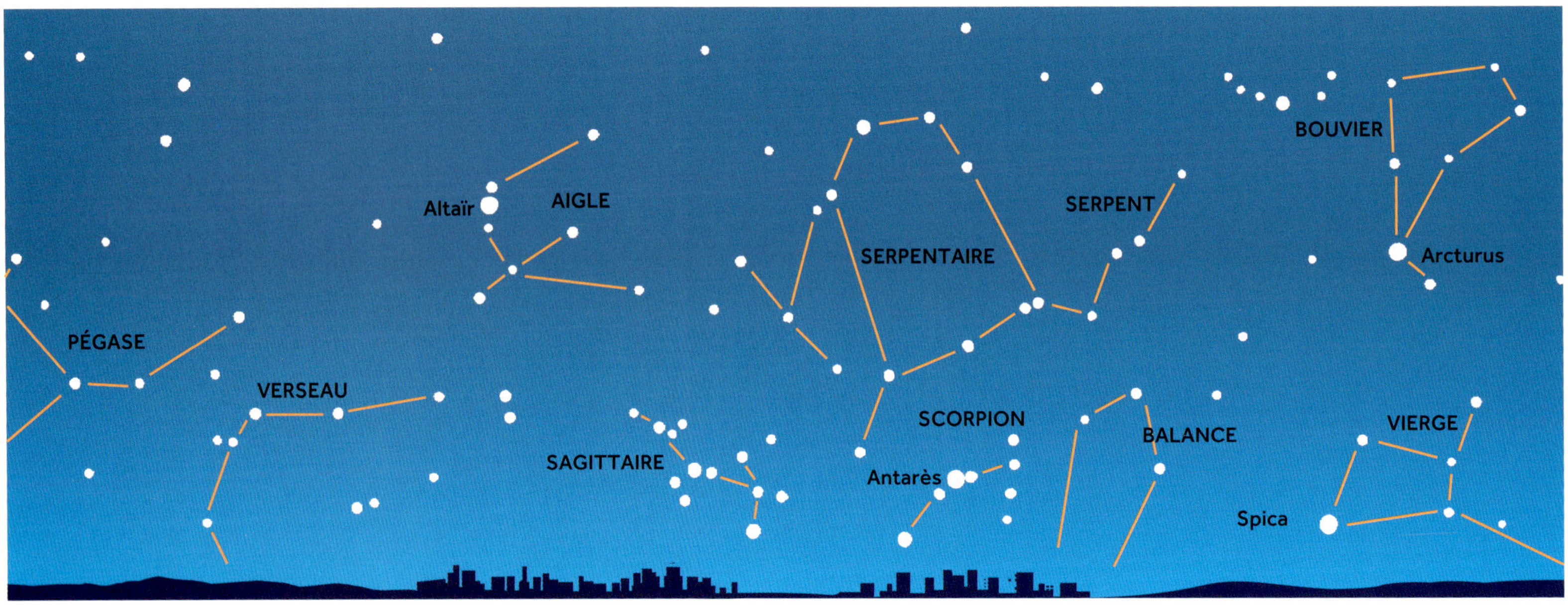

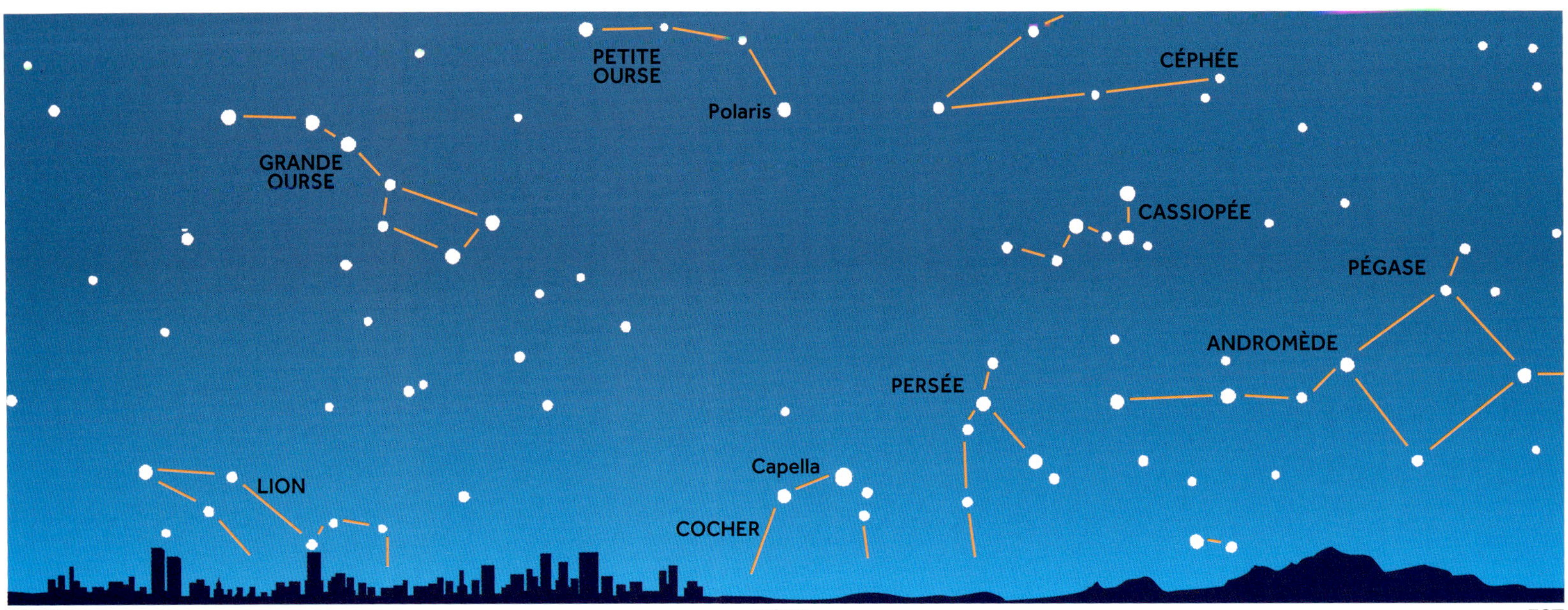

OUEST NORD EST

EN HAUT : EN REGARDANT VERS LE SUD

Constellations visibles dans l'hémisphère Sud vers 23 h le 7 juillet ou autour de cette date.

L'éblouissante Voie lactée se trouve en juillet presque à la verticale, juste à l'ouest du méridien, allant de Scorpion tout en haut (hors du cadre ici) et plongeant sous l'horizon en traversant la Carène et les Voiles. Canopus a disparu tandis qu'Achernar monte à présent au sud-est. Fomalhaut est la seule autre étoile brillante dans le ciel à l'est.

EN BAS : EN REGARDANT VERS LE NORD

Constellations visibles dans l'hémisphère Sud vers 23 h le 7 juillet ou autour de cette date.

Arcturus et Spica se trouvent maintenant très bas à l'ouest et vont bientôt disparaître, comme Hercule. Au-dessus d'eux, le ciel manque d'intérêt, il est essentiellement occupé par le Serpentaire et le Serpent. Véga dans la Lyre est proche du méridien. Deneb apparaît juste au-dessus de l'horizon, plus à l'est, tandis qu'Altaïr se trouve plus haut. Ces trois étoiles forment le « Triangle d'été » – un nom étrange pour les observateurs de l'hémisphère Sud puisqu'il apparaît au milieu de leur hiver.

HÉMISPHÈRE SUD

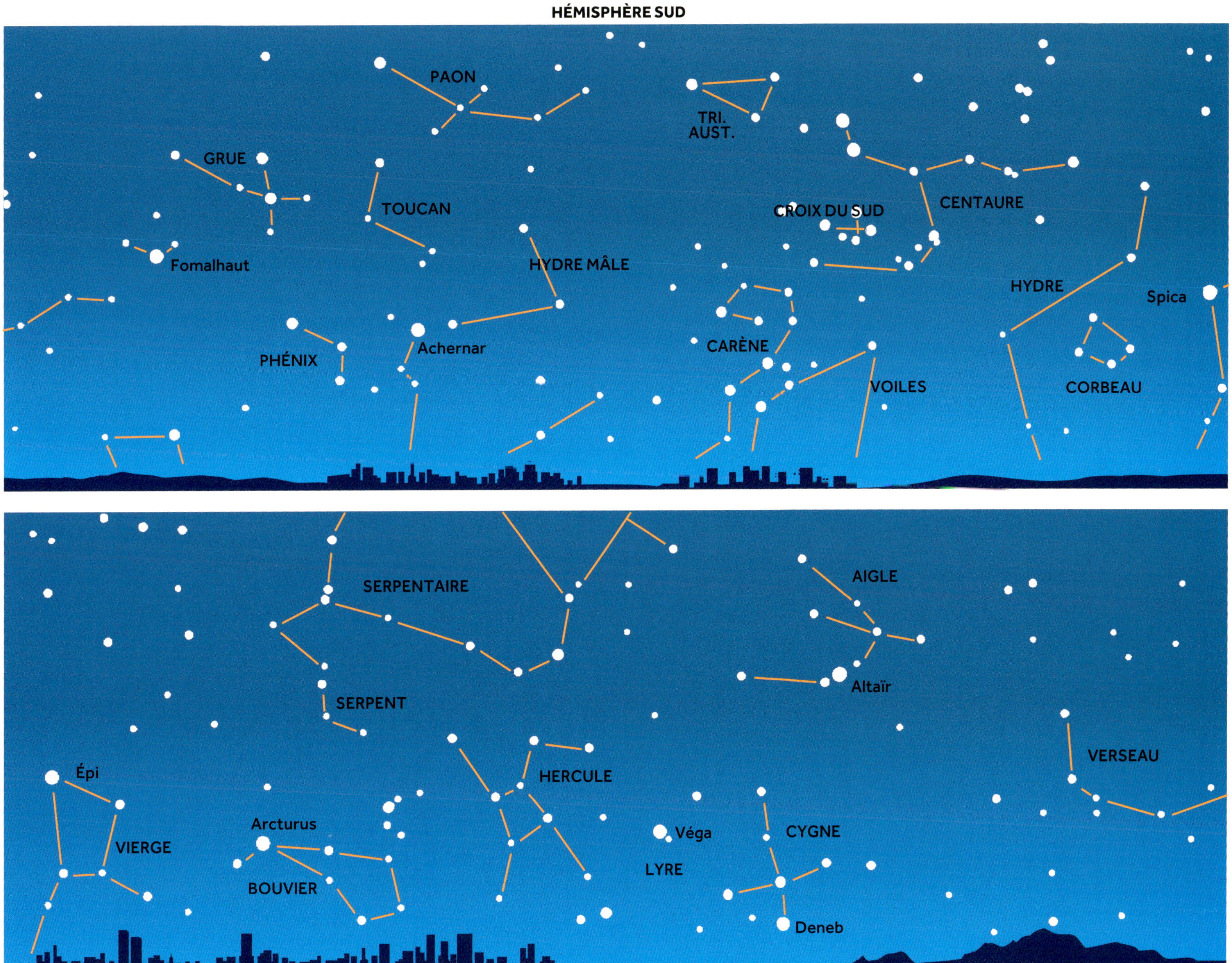

OUEST NORD EST

Étoiles visibles en août

Le Triangle d'été embrase toujours le ciel dans l'hémisphère Nord, ce mois-ci, il chevauche le méridien tard le soir. Les nuits sans lune, la Voie lactée resplendit et coupe le ciel en deux.

L'AIGLE, AQUILA

Ce majestueux oiseau traverse en volant la Voie lactée, au sud du Cygne, en chevauchant l'équateur céleste. Dans la mythologie, l'Aigle était l'oiseau préféré de Zeus et récupérait les éclairs que le dieu envoyait à ses ennemis.

L'étoile principale de l'Aigle, Altaïr, est l'étoile la plus au sud du trio formant le Triangle d'été, avec Deneb dans le Cygne et Véga dans la Lyre. C'est l'une des étoiles brillantes les plus proches de nous, à 17 années-lumière.

LE CAPRICORNE, CAPRICORNUS

Cette petite constellation du zodiaque est composée d'étoiles peu lumineuses dessinant un triangle assez informe. Le Soleil traverse le Capricorne entre le 19 janvier et le 16 février. Le Capricorne est représenté sous les traits d'une chèvre à queue de poisson et est associé au dieu mi-homme, mi-bouc, Pan.

Alpha (α) et Bêta (β) sont des doubles visibles avec des jumelles, mais à part elles, il n'y a pas grand-chose d'autre dans la constellation.

LE CYGNE, CYGNUS

Le groupement septentrional caractéristique du Cygne est la constellation clé de ce mois (voir page 102).

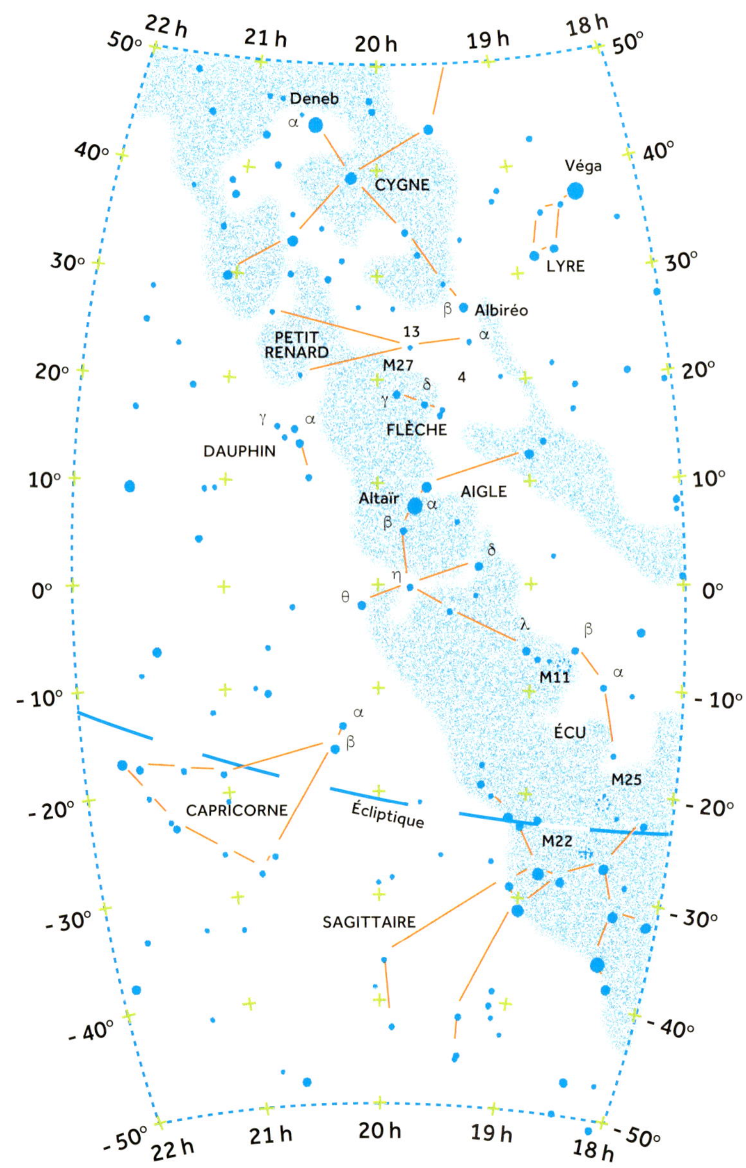

Constellations visibles près du méridien vers 23 h pendant la première semaine d'août.

LE DAUPHIN, DELPHINUS

Le Dauphin est une constellation minuscule, mais il ne faut pas beaucoup d'imagination pour se représenter un dauphin sautant gracieusement au-dessus des vagues. Dans la mythologie grecque, le dauphin a été immortalisé dans le ciel pour avoir convaincu l'une des belles Néréides (les nymphes de la mer) à épouser Poséidon, le dieu de la mer. Le parallélogramme caractéristique formé par quatre des étoiles du Dauphin ressemble presque à un amas stellaire. Gamma (γ) est une belle étoile double visible avec un petit télescope.

LA FLÈCHE, SAGITTA

Autre constellation minuscule, Sagitta ressemble vraiment à une flèche. Comme elle se trouve dans la Voie lactée, la Flèche vaut la peine d'être étudiée aux jumelles car elle compte quelques jolis champs stellaires. Avec des jumelles et un petit télescope, on peut voir un amas globulaire (M71), à mi-chemin entre Gamma (γ) et Delta (δ).

L'ÉCU, SCUTUM

Cette petite constellation est assez récente (XVIIe siècle) et n'a pas de fondement mythologique. Son principal centre d'intérêt est un riche amas ouvert, M11. Avec des jumelles, il apparaît sous la forme d'une boule floue ; avec un petit télescope, on voit un groupe d'étoiles en forme de V.

En haut : la Voie lactée illumine le ciel d'août au nord et au sud. C'est la nébuleuse de la Lagune dans le Sagittaire.

En bas : un « trou » dans le Cygne causé par un nuage noir de gaz et de poussière.

LE PETIT RENARD, VULPECULA

Le Petit Renard est une constellation moderne (XVIIe siècle) composée d'étoiles peu lumineuses au sud du Cygne. Comme elle est dans la Voie lactée, elle offre certains beaux paysages stellaires visibles aux jumelles. Juste au sud de l'étoile 13 et au nord de Gamma (γ) dans la constellation voisine du Sagittaire se trouve la nébuleuse planétaire M27. Un grand télescope révèle sa forme caractéristique qui lui a valu le nom de nébuleuse de l'Haltère. L'étoile 4, plein sud par rapport à Alpha (α), se trouve dans un charmant ensemble d'environ dix étoiles appelé le Cintre.

LE CYGNE : CYGNUS

Constellation clé

Il ne faut pas beaucoup d'imagination pour voir un cygne traversant le ciel du nord en volant comme s'il migrait vers le sud. Ses ailes courbées sont déployées, prêtes pour un vol puissant, son long cou est tendu, sa queue étirée.

Dans la mythologie grecque, le cygne est l'une des nombreuses formes adoptées par Zeus pour retrouver en secret ses maîtresses. Après son aventure avec Zeus, Léda, la reine de Sparte, pondit des œufs desquels sont sortis les jumeaux Castor et Pollux (que l'on retrouve dans la constellation des Gémeaux) ainsi qu'Hélène de Troie à la beauté légendaire.

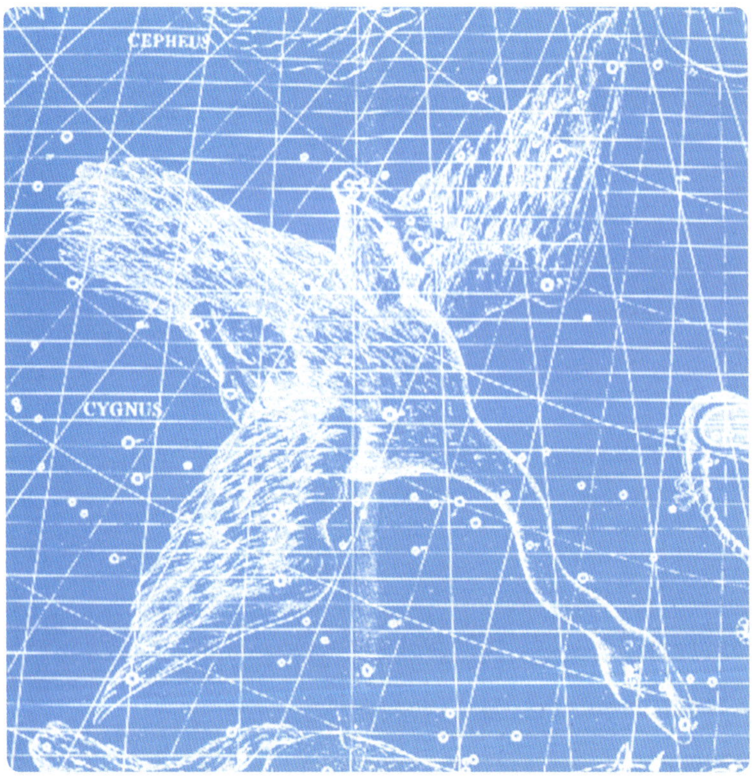

UNE PROFUSION DE MERVEILLES

Deneb, dans la queue du cygne, une supergéante bleu-blanc, est la plus brillante des étoiles de cette constellation. Elle se trouve à environ 1 600 années-lumière de nous et pour paraître aussi brillante à une telle distance, elle doit avoir une production d'énergie équivalente à 60 000 soleils. Albiréo, de l'autre côté du cygne, est beaucoup plus faible, mais c'est une belle étoile double. Avec un petit télescope, on voit ses jolies composantes bleues et jaunes.

Le Cygne compte parmi les constellations les plus riches du ciel du nord. Près de Deneb, les télescopes montrent une nébuleuse rouge brillante (NGC7000) qui présente une troublante ressemblance avec le continent nord-américain. Au sud d'Epsilon (ε), des photographies en pose longue révèlent une grande boucle de gaz brillant, les Dentelles du Cygne, qui sont le rémanent d'une étoile gigantesque qui a explosé en morceaux.

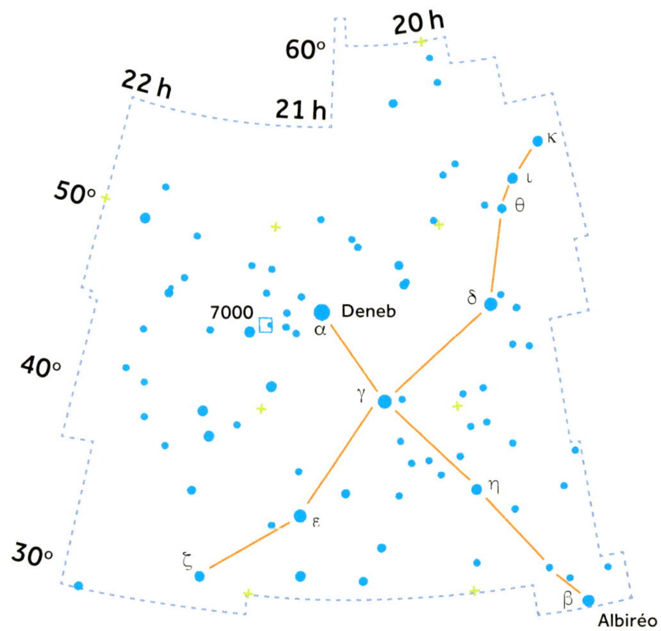

Page ci-contre : un nuage er
en expansion issu de l'explo
d'une ancienne supernova d
les Dentelles du Cygne.

Étoiles visibles en août

EN HAUT : EN REGARDANT VERS LE SUD

Constellations visibles dans l'hémisphère Nord vers 23 h le 7 août ou autour de cette date.

L'Aigle enjambe à présent le méridien, avec Altaïr plein sud. Le Triangle d'été qu'elle forme avec Deneb et Véga (hors du cadre) est presque exactement au-dessus de nos têtes. C'est le dernier mois pour profiter de la brillance du Sagittaire avant qu'il ne glisse sous l'horizon sud.

EN BAS : EN REGARDANT VERS LE NORD

Constellations visibles dans l'hémisphère Nord vers 23 h le 7 août ou autour de cette date.

Arcturus, que nous avons repérée pour la dernière dans l'est du ciel en février, apparaît à présent à l'ouest. Arcturus, à l'extrémité de la queue du Bouvier en forme de cerf-volant, est la quatrième étoile la plus brillante de tout le ciel.
Son apparition ce mois-ci est attendue parce que la seule autre étoile brillante est Capella qui est en train de monter. Au-dessus de nos têtes cependant, le Triangle d'été est toujours avec nous.

HÉMISPHÈRE NORD

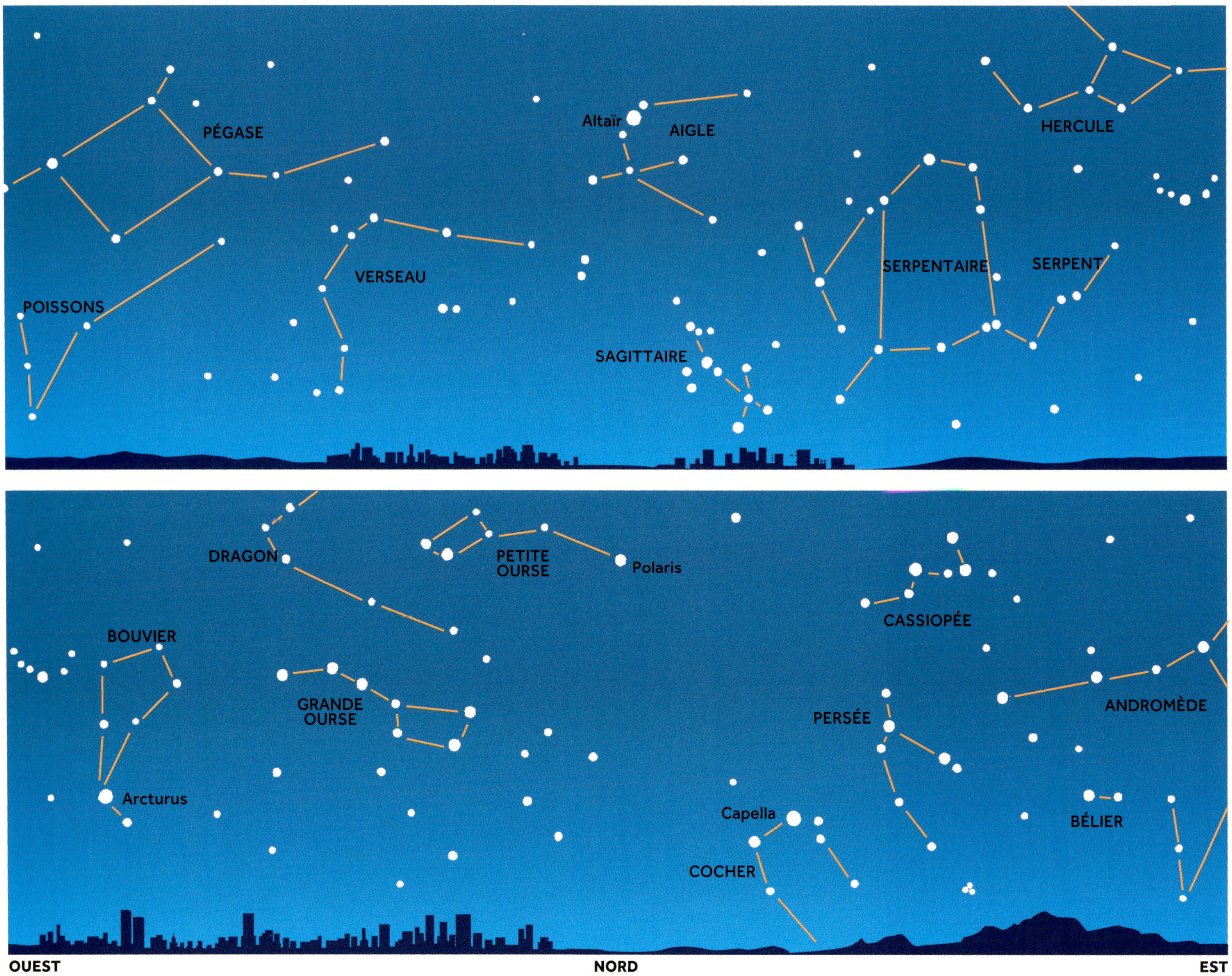

EN HAUT : EN REGARDANT VERS LE SUD

Constellations visibles dans l'hémisphère Sud vers 23 h le 7 août ou autour de cette date.

Ce mois-ci, tout le spectacle du ciel austral se concentre dans le sud-ouest autour de la Voie lactée où le Scorpion réapparaît. Le reste du ciel est bien terne en comparaison et n'est occupé que par une flopée d'oiseaux : le Phénix (Phoenix), le Toucan (Tucana), la Grue (Grus) et le Paon (Pavo) qui se trouve maintenant sur le méridien. Pour le deuxième mois consécutif, seules Achernar et Fomalhaut éclairent l'est.

EN BAS : EN REGARDANT VERS LE NORD

Constellations visibles dans l'hémisphère Sud vers 23 h le 7 août ou autour de cette date.

Le Triangle d'été se trouve au méridien, avec Véga et Deneb bas dans le ciel et Véga au milieu. Les seules autres étoiles vraiment brillantes sont Antarès tout à l'ouest et Fomalhaut tout à l'est (hors du cadre). Très bas dans le ciel à l'est, Pégase s'est levée, son célèbre carré dépourvu d'étoiles brillantes. Il est parfois appelé le Carré d'Automne, mais ce nom n'est lui aussi pertinent que pour les observateurs dans l'hémisphère Nord, parce que c'est le printemps qui s'approche dans le ciel de l'hémisphère Sud.

HÉMISPHÈRE SUD

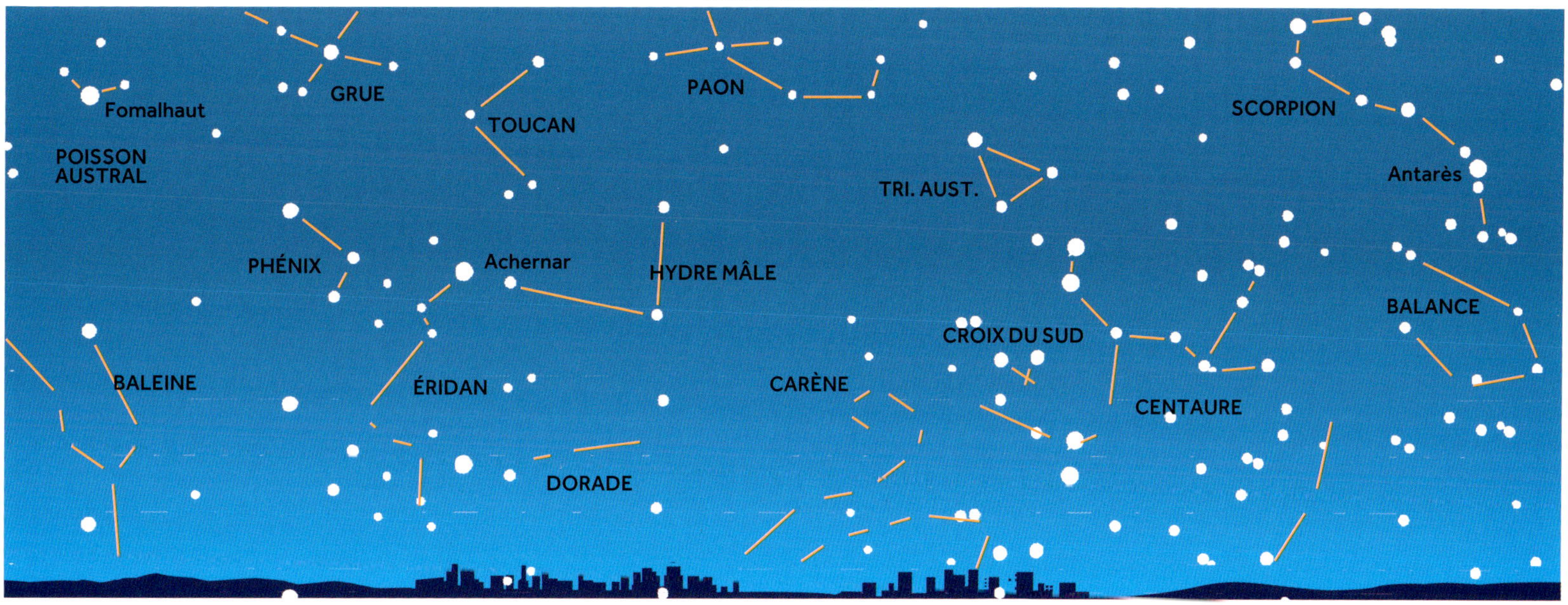

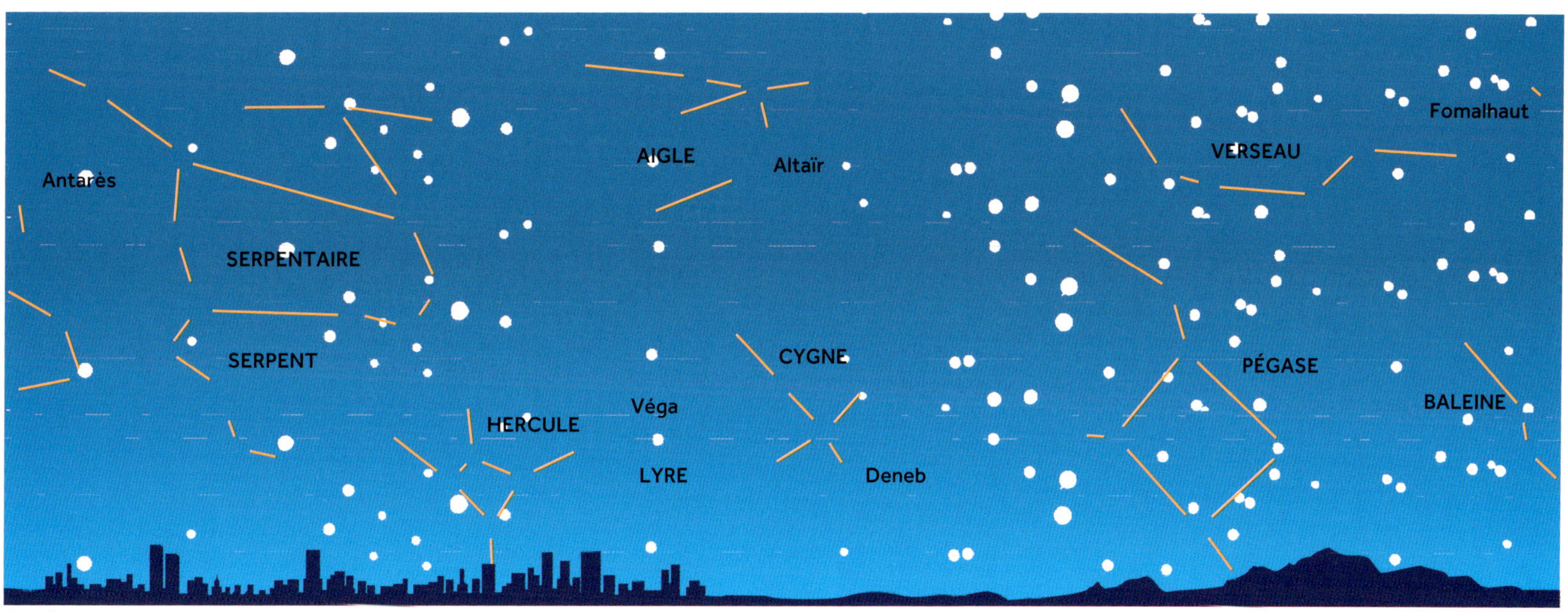

OUEST **NORD** **EST**

Étoiles visibles en septembre

La Voie lactée et son collier de constellations étincelantes – le Cygne, l'Aigle et le Sagittaire – disparaissent rapidement. Le ciel se vide de nouveau à l'exception de Pégase.

LE VERSEAU, AQUARIUS

Le Soleil traverse cette constellation du zodiaque entre le 16 février et le 12 mars. C'est une grande constellation, mais elle n'est pas particulièrement facile à repérer.

Le Verseau représente un jeune homme en train de verser de l'eau avec une cruche. Elle se déverse sous la forme d'une cascade d'étoiles et arrive dans la bouche de Piscis Austrinus, le Poisson Austral. Cette constellation est habituellement liée à Ganymède, un magnifique jeune homme que Zeus avait ramené avec lui sur le mont Olympe pour servir du vin aux dieux.

Le bec de la cruche est représenté par quatre étoiles : Êta (η), Pi (π), Gamma (γ) et Zêta (ζ). Zêta est une étoile double visible avec un télescope. L'amas globulaire M2 se trouve à l'ouest d'Alpha α) et au nord de Bêta (β). Il est trop faiblement lumineux pour être visible à l'œil nu, mais facilement repérable avec des jumelles et un petit télescope.

La nébuleuse NGC7009 peut être repérée avec un petit télescope juste au sud d'Epsilon (ε). Il s'agit d'une nébuleuse dite planétaire parce qu'elle apparaît sous la forme d'un disque, comme une planète. Cette nébuleuse planétaire particulière ressemble à une planète cerclée et porte le nom de nébuleuse Saturne.

LA GRUE, GRUS

La Grue est une constellation assez récente (XVIIe siècle) qui a longtemps été appelée le Flamant. Elle se localise facilement juste au sud de la brillante Fomalhaut dans le Poisson austral.

Ses deux étoiles les plus brillantes, Alpha (α) et Bêta (β), contrastent joliment : Alpha est blanche et brillante tandis que Bêta est orange. Delta (δ) est une étoile double dont on discerne les deux composantes à l'œil nu, des géantes rouges et jaunes.

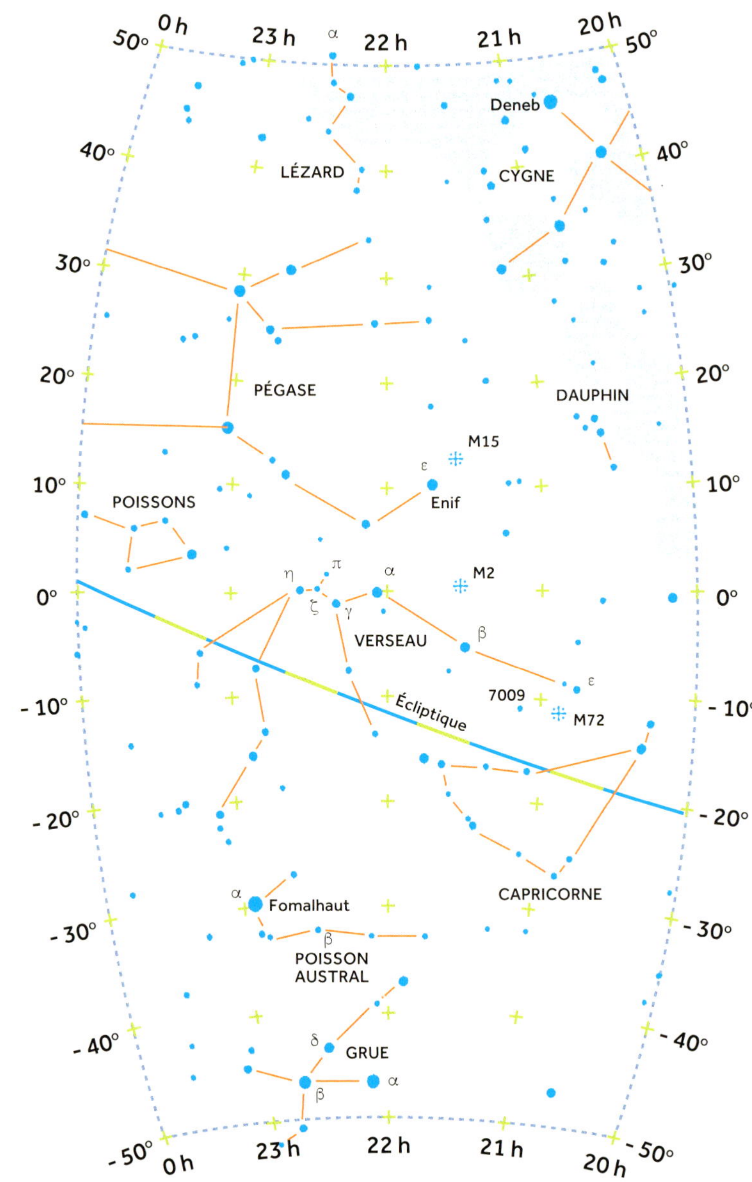

Constellations visibles près du méridien vers 23 h pendant la première semaine de septembre.

▲ Ci-dessus, en haut : la comète Hale-Bopp traverse le Lézard le 9 mars 1997.

▲ Ci-dessus : des petites traînées de gaz se forment sur le bord de la nébuleuse de l'Hélice dans le Verseau. Les astronomes parlent de « nœuds cométaires ».

▶ À droite : la galaxie spirale barrée IC5201 dans la constellation de la Grue.

LE LÉZARD, LACERTA

Le Lézard est une petite constellation de l'hémisphère Nord composée d'un zigzag d'étoiles faiblement lumineuses. Ses étoiles brillantes principales se trouvent dans la Voie lactée qui, comme toujours, est intéressante à observer avec des jumelles. Un amas assez brillant se montre juste à l'ouest d'Alpha (α).

LE POISSON AUSTRAL, PISCIS AUSTRINUS

Avalant l'eau versée par le Verseau, le Poisson austral était considéré comme le parent des poissons qui ont formé la constellation zodiacale des Poissons.

C'est une petite constellation extirpée de l'obscurité par son étoile principale de magnitude 1, Fomalhaut, qui signifie « la bouche du poisson » en arabe.

Étoiles visibles en septembre

EN HAUT : EN REGARDANT VERS LE SUD

Constellations visibles dans l'hémisphère Nord vers 23 h le 7 septembre ou autour de cette date.

Pégase, le cheval ailé, poursuit sa route vers l'ouest. Avec le Verseau au milieu du ciel sur le méridien, les Poissons nageant juste derrière et la Baleine entamant son ascension, le ciel prend un aspect océanique. Cet effet est renforcé par l'ascension presque plein sud de Fomalhaut et du Poisson austral.

EN BAS : EN REGARDANT VERS LE NORD

Constellations visibles dans l'hémisphère Nord vers 23 h le 7 septembre ou autour de cette date.

Ce mois-ci, la Grande Casserole, ou Grand Chariot, atteint son point le plus bas, avec son manche presque à l'horizontale. Les deux étoiles qui indiquent Polaris, Mérak (la plus basse) et Dubhé, sont proches du méridien et pointent presque verticalement vers le haut. À l'ouest, Arcturus va bientôt se coucher et peut être difficile à localiser.
À l'est en revanche, Capella a été rejointe par l'œil rouge du taureau, Aldébaran, alors que le Taureau se lève à l'horizon. Les Pléiades, situées presque à la verticale au-dessus d'Aldébaran, sont immanquables.

HÉMISPHÈRE NORD

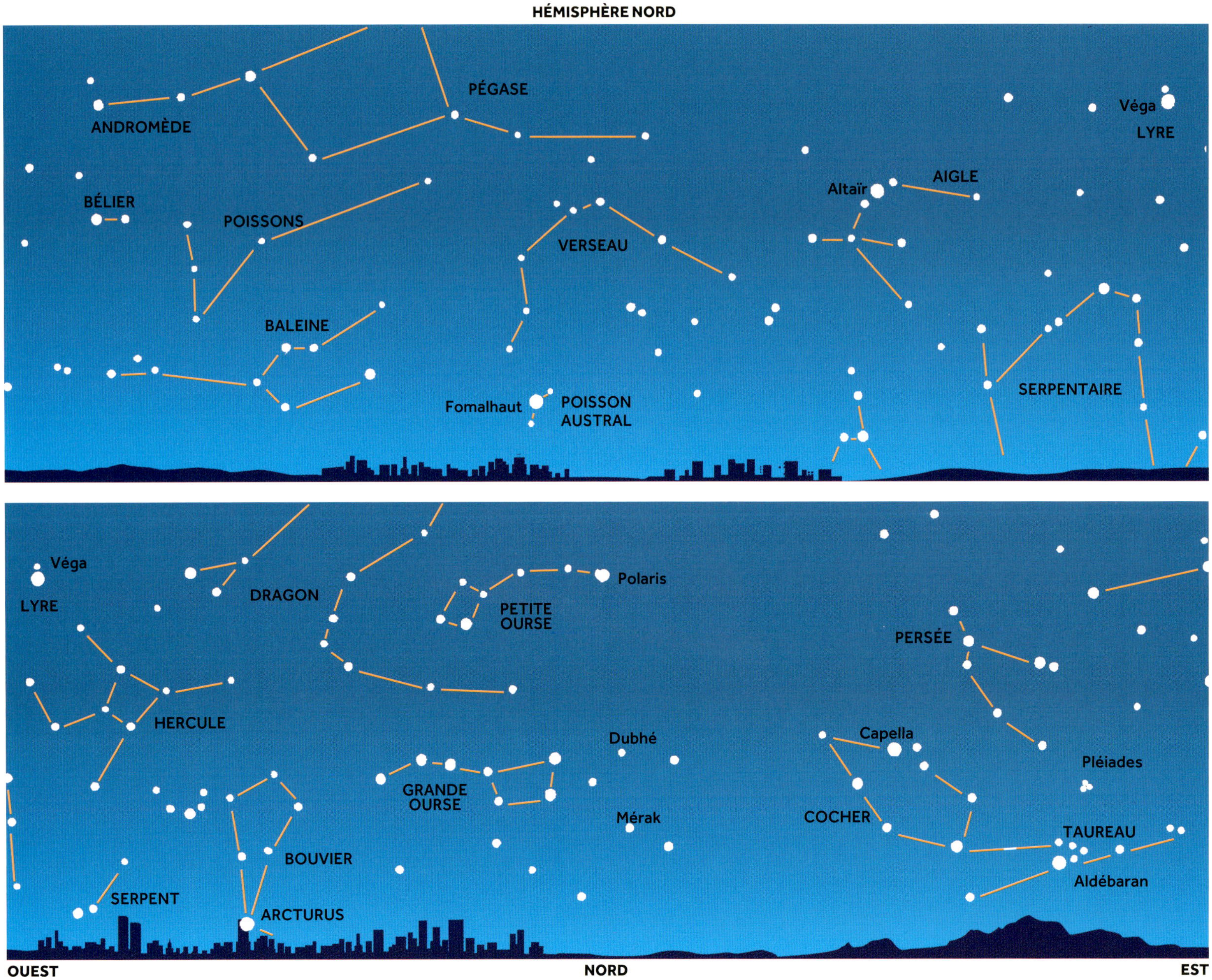

EN HAUT : EN REGARDANT VERS LE SUD

Constellations visibles dans l'hémisphère Sud vers 23 h le 7 septembre ou autour de cette date.

Le ciel de l'hémisphère Sud s'éclaircit ce mois-ci. Canopus a réapparu au sud-est et monte dans le ciel. Sa constellation, la Carène, se détache de l'horizon. Le Centaure, le Scorpion et le Sagittaire nous éblouissent à l'ouest. L'est semble bien terne en comparaison avec les seuls méandres du fleuve Éridan. Les oiseaux du sud, le Phénix, le Toucan, la Grue et le Paon, ont à présent pris de l'altitude.

EN BAS : EN REGARDANT VERS LE NORD

Constellations visibles dans l'hémisphère Sud vers 23 h le 7 septembre ou autour de cette date.

Pégase, le cheval ailé, poursuit sa route vers l'ouest à travers le ciel. Le Verseau est au milieu du ciel, suivi par les Poissons, et la Baleine fait son apparition. Au nord-est, le ciel reste morne. L'intérêt principal est au nord-ouest avec les deux oiseaux, l'Aigle et le Cygne, en bonne place pour être observés.

HÉMISPHÈRE SUD

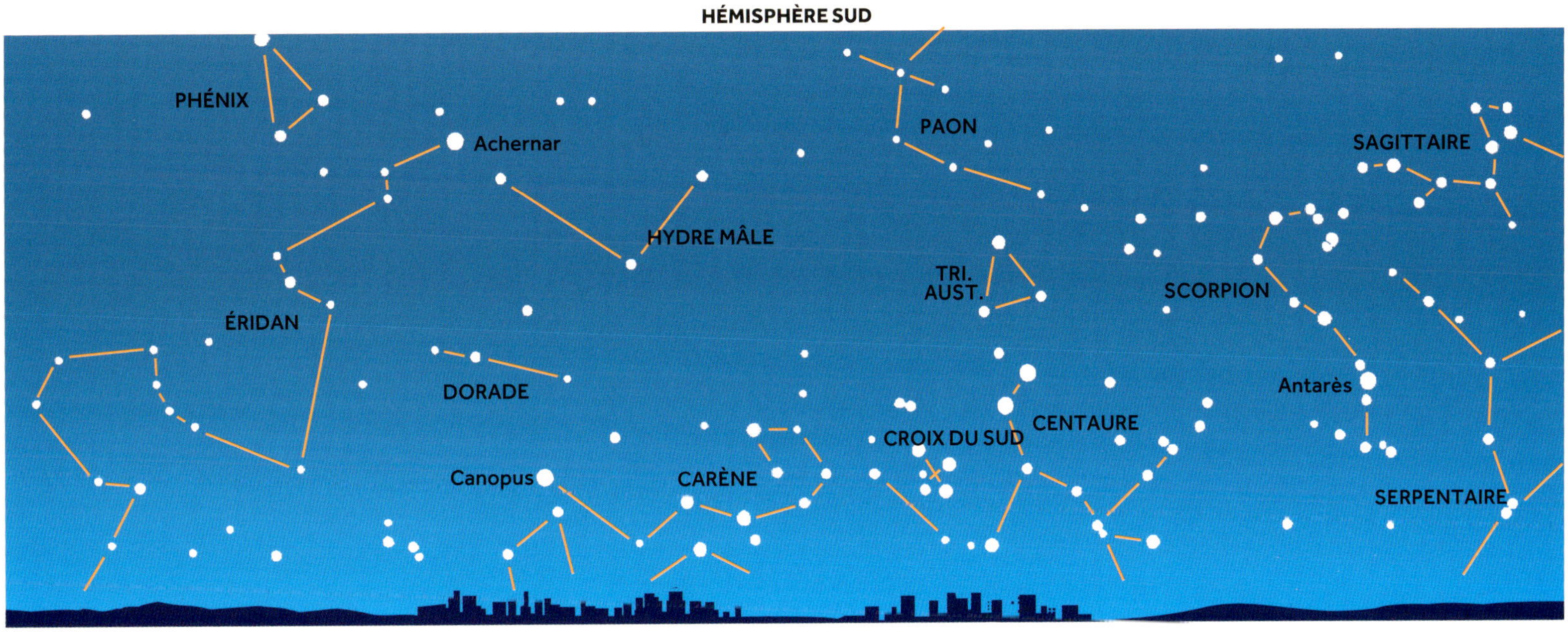

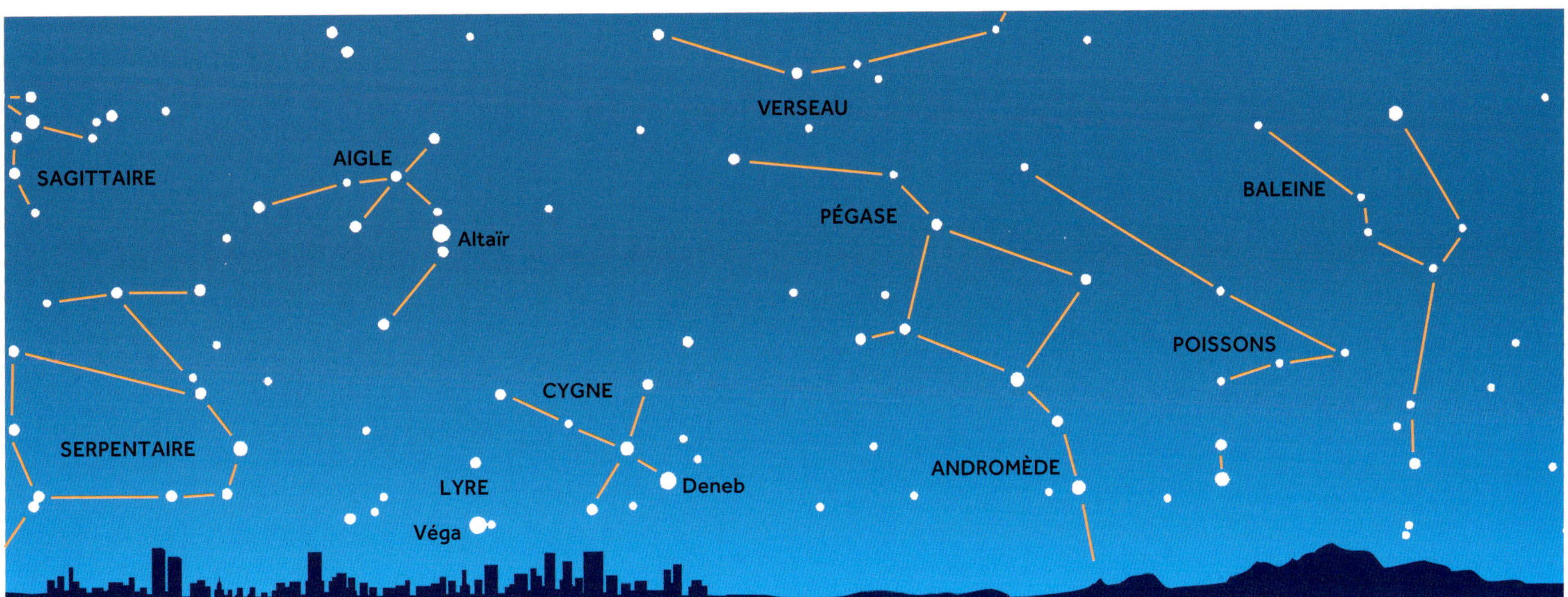

OUEST NORD EST

Étoiles visibles en octobre

Ce mois-ci, le Carré de Pégase se trouve pile au méridien et nous rappelle que l'automne dans l'hémisphère Nord et le printemps dans l'hémisphère Sud sont bien avancés. Peu d'autres constellations sautent immédiatement aux yeux car leurs étoiles sont généralement peu lumineuses. Seul dans le grand sud, Fomalhaut continue d'étinceler comme un phare.

PÉGASE, PEGASUS

Pégase, l'une des plus anciennes constellations, a toujours été associée au cheval ailé. Cette créature était l'un des sujets favoris des artistes d'Assyrie, l'une des plus anciennes civilisations mésopotamiennes. Dans la mythologie grecque, Pégase est le cheval ailé qui naît de la dépouille de la monstrueuse Méduse lorsqu'elle est décapitée par le héros Persée.

Le Carré de Pégase, un carré presque parfait tracé par les étoiles Bêta (β), Alpha (α), Gamma (γ) et Alpha d'Andromède, est l'une des figures les plus reconnaissables du ciel.
Les quatre étoiles sont toutes à peu près de même magnitude (2). Epsilon (ε), qui vient de sortir du champ ici, mais apparaît sur la page précédente (page 106) est aussi brillante. Appelée Enif, elle représente le museau du cheval. À courte distance d'Enif se trouve le bel amas globulaire M15. Visible avec des jumelles, il possède un noyau très lumineux qui émet fortement des rayons X ce qui suggère qu'il cache un trou noir.

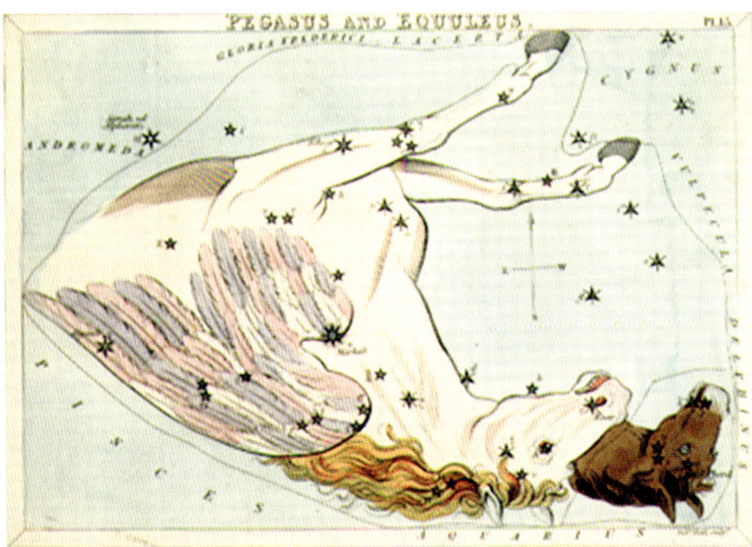

Joli portrait de Pégase traversant le ciel en volant.

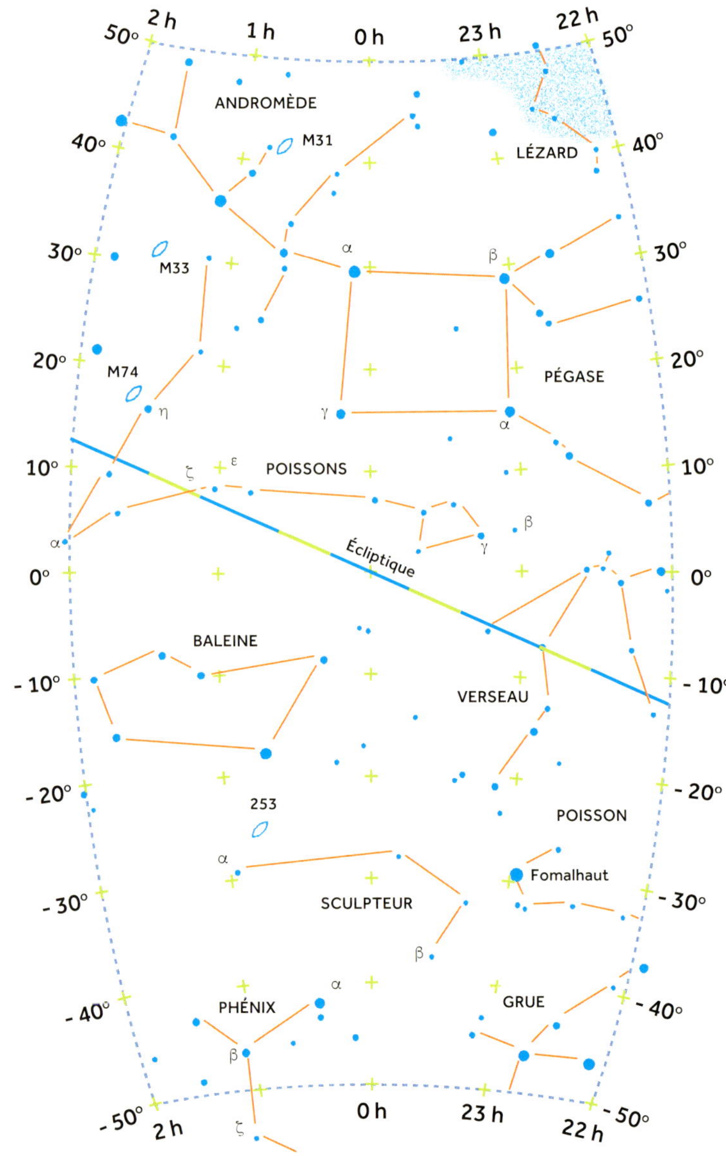

Constellations visibles près du méridien vers 23 h pendant la première semaine d'octobre.

LE PHÉNIX, PHOENIX

Constellation relativement récente (XVIe siècle), le Phénix porte le nom de l'oiseau légendaire qui renaît de ses cendres. Après avoir vécu 500 ans, il se fait lui-même brûler sur un bûcher funéraire pour renaître des flammes. Zêta est une étoile double dont il est facile de dissocier les deux composantes. Sa composante la plus brillante varie toutes les 40 minutes car c'est une binaire à éclipses.

LES POISSONS, PISCES

Le Soleil traverse la grande constellation peu lumineuse des Poissons entre le 12 mars et le 19 avril chaque année.
Dans la mythologie, les deux poissons représentent Vénus et son fils Cupidon. Ils durent plonger dans l'Euphrate pour échapper au monstre Typhon.

C'est la constellation dans laquelle se croisent l'écliptique et l'équateur céleste, ou en d'autres termes, où le Soleil croise l'équateur céleste quand il se déplace vers le nord. Le phénomène a lieu le 21 mars chaque année. C'est la date de l'équinoxe de printemps ou vernal qui marque le début du printemps dans l'hémisphère Nord et de l'automne dans l'hémisphère Sud.

L'intersection de l'écliptique et de l'équateur céleste marque aussi le point de départ (0 heure) de la longitude céleste ou ascension droite (voir page 52).

LE SCULPTEUR, SCULPTOR

Le Sculpteur est une autre constellation peu lumineuse de cette région que l'on trouve en parcourant le ciel à l'est de la brillante Fomalhaut dans le Poisson Austral voisin. C'est une constellation moderne, ajoutée au XVIIIe siècle, et elle n'a pas de référence mythologique. Son principal point d'intérêt est NGC253 au nord d'Alpha (α).

En haut : l'un des groupes de galaxies du Sculpteur, NGC253 est une galaxie spirale que vous voyons de profil. Notre propre galaxie lui ressemblerait vue de loin.

En bas : UGC477, une galaxie diffuse, de faible luminosité en surface dans la constellation des Poissons.

Étoiles visibles en octobre

EN HAUT : EN REGARDANT VERS LE SUD

Constellations visibles dans l'hémisphère Nord vers 23 h le 7 octobre ou autour de cette date.

Ce mois-ci, le Carré de Pégase se trouve au méridien. Partout ailleurs, le ciel est loin de briller, il est occupé par Pégase, Andromède (qui vient de sortir du cadre), les Poissons, le Bélier, le Verseau, la Baleine et le fleuve Éridan qui vient d'apparaître sur l'horizon au sud-est. Comme le temps refroidit et que le ciel devient plus sombre, nous voyons le Taureau se lever et Orion surgir à l'horizon.

EN BAS : EN REGARDANT VERS LE NORD

Constellations visibles dans l'hémisphère Nord vers 23 h le 7 octobre ou autour de cette date.

À l'ouest, le Triangle d'été composé de Déneb, Véga et Altaïr amorce sa descente. À l'est, la constellation des Gémeaux s'est levée avec ses deux étoiles principales l'une au-dessus de l'autre, Castor (en haut) et Pollux. À la même hauteur que Pollux et plus à l'est, la rouge Bételgeuse fait son apparition alors qu'Orion commence à monter.

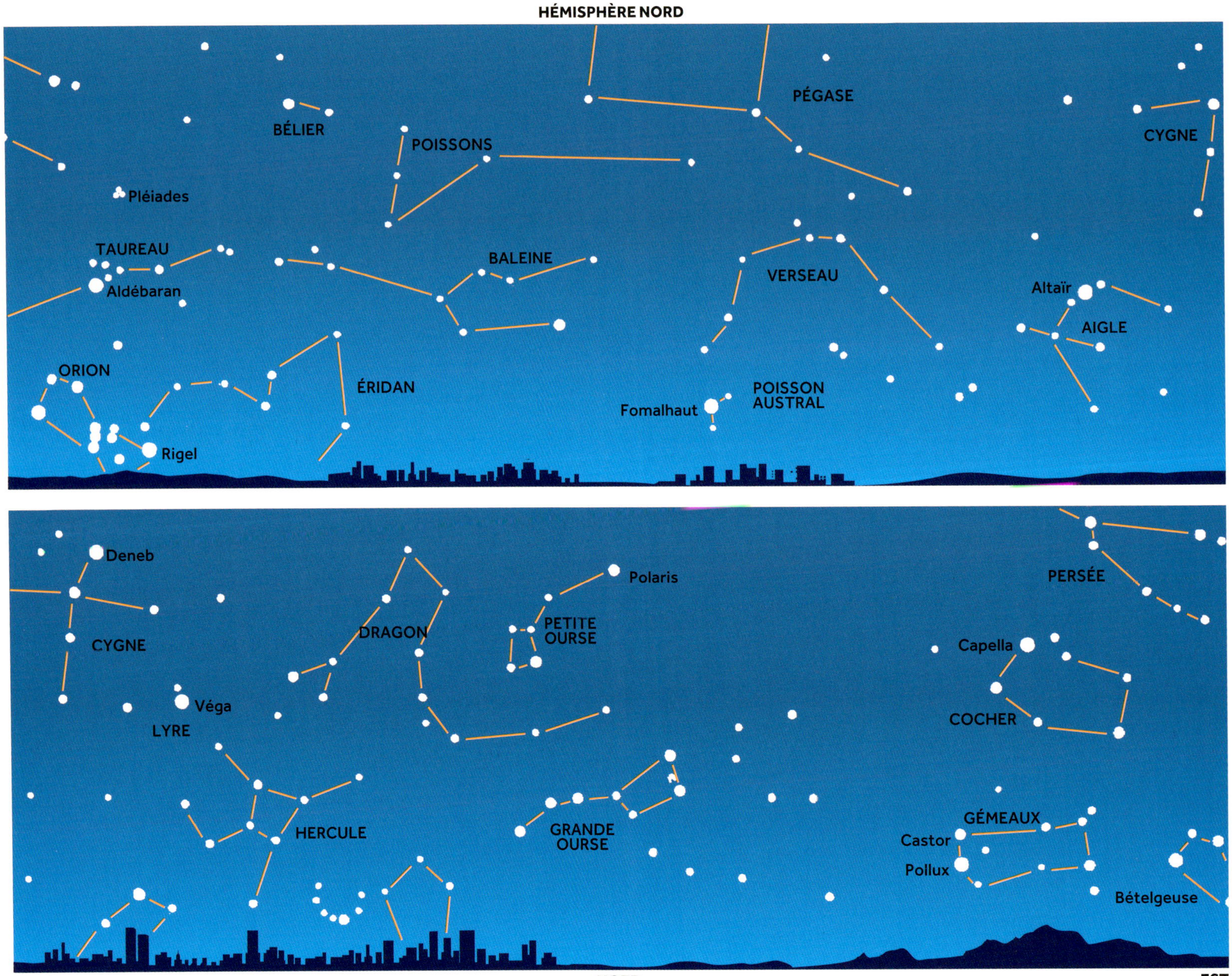

EN HAUT : EN REGARDANT VERS LE SUD

Constellations visibles dans l'hémisphère Sud vers 23 h le 7 octobre ou autour de cette date.

De l'horizon au milieu du ciel, le ciel de ce mois-ci est exceptionnel. Orion se lève à l'est avec Rigel bien au-dessus de l'horizon. Le Grand Chien est presque entièrement levé à présent. Canopus ouvre la marche des trois constellations nautiques : la Carène (Carina), la Poupe (Puppis) et les Voiles (Vela). La Croix du Sud se rapproche du méridien.

EN BAS : EN REGARDANT VERS LE NORD

Constellations visibles dans l'hémisphère Sud vers 23 h le 7 octobre ou autour de cette date.

Ce mois-ci, le Carré de Pégase se trouve au méridien. Le nord du ciel cependant est loin d'être brillant, la majeure partie étant occupée par des constellations relativement faibles : Pégase, Andromède, les Poissons, le Bélier, le Verseau, la Baleine et Éridan. Ce mois est propice pour observer la galaxie d'Andromède près du méridien.

HÉMISPHÈRE SUD

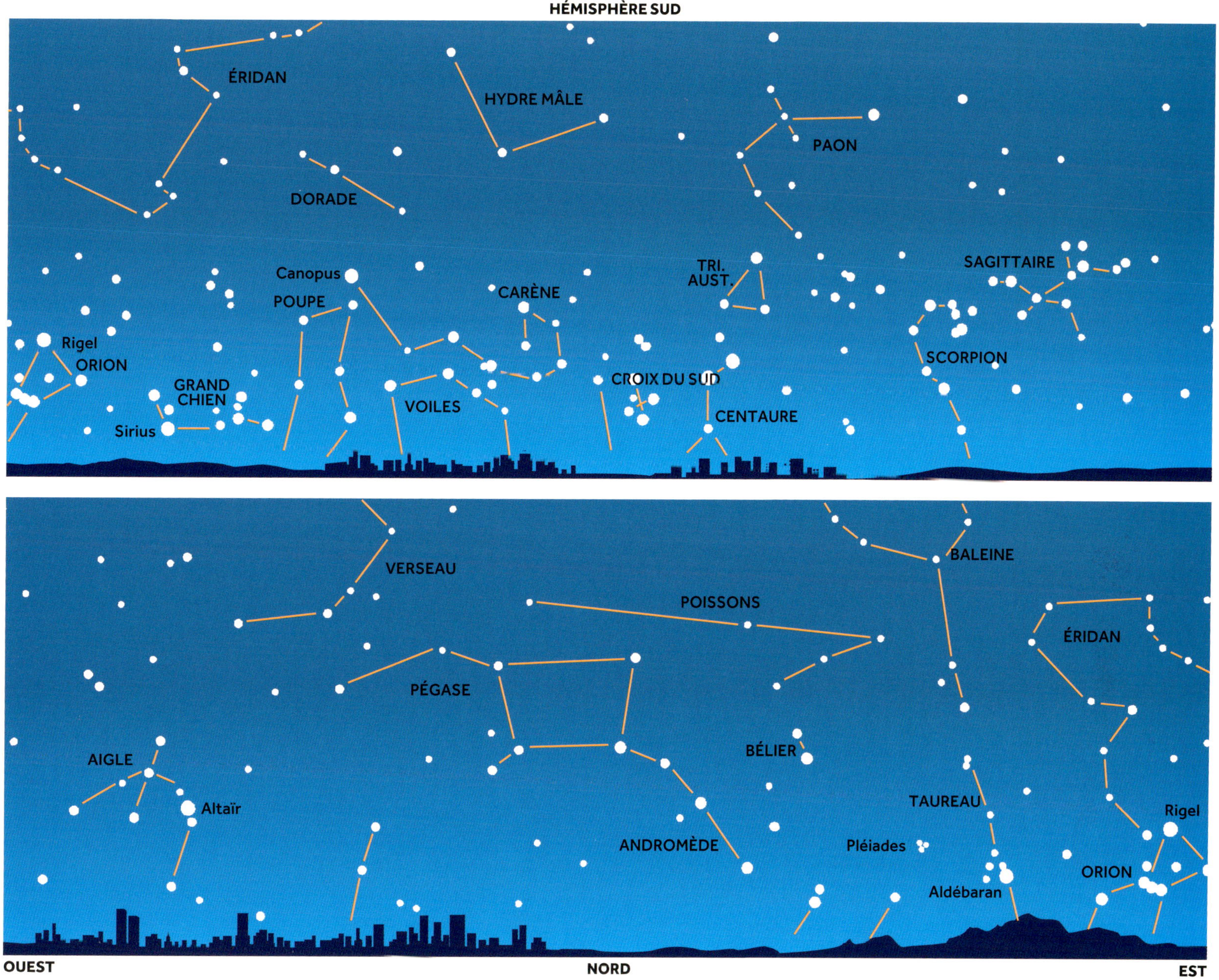

Étoiles visibles en novembre

Le ciel au méridien est loin d'être spectaculaire ce mois-ci. Pégase s'est échappé vers l'ouest, tandis que le Taureau et Orion sont encore loin à l'est. Andromède en revanche offre un spectacle sensationnel en révélant, sous la forme d'une faible tache brumeuse, la galaxie qui constitue l'objet le plus distant que l'on puisse voir à l'œil nu, à une distance de 24 quintillions de kilomètres.

ANDROMÈDE, ANDROMEDA

Même si le dessin composé par les étoiles de cette constellation n'est pas particulièrement mémorable, Andromède est facile à repérer parce qu'elle est liée à l'un des astérismes les plus caractéristiques du ciel, le Carré de Pégase. Andromède était la fille bien-aimée du roi Céphée et de la reine Cassiopée. Cassiopée se vantant de sa beauté s'attira les foudres du dieu de la mer Poséidon. Pour apaiser le dieu, Andromède fut enchaînée à un rocher pour servir de repas au monstre marin Cetus. L'histoire se termina heureusement bien puisque le héros Persée en passant par là sauva juste à temps la belle jeune fille des mâchoires du monstre.

Gamma (γ), une étoile double facile à dissocier avec un petit télescope, est sans doute l'étoile la plus séduisante de la constellation. Les deux composantes, l'une orange vif, l'autre bleu-vert, forment une jolie paire. C'est cependant le carré confus dans le nord d'Andromède qui mérite le plus d'attention. Autrefois pris pour un nuage gazeux, il a été baptisé « grande nébuleuse d'Andromède ». Il s'agit toutefois d'une autre galaxie, cataloguée M31, qui se trouve à 2,5 millions d'années-lumière.

La galaxie d'Andromède est l'une des rares que l'on peut voir à l'œil nu, même si elle est plus intéressante avec des jumelles ou un petit télescope. La galaxie d'Andromède est une fois et demie plus grande que notre galaxie et se trouve dans un amas appelé le Groupe local.

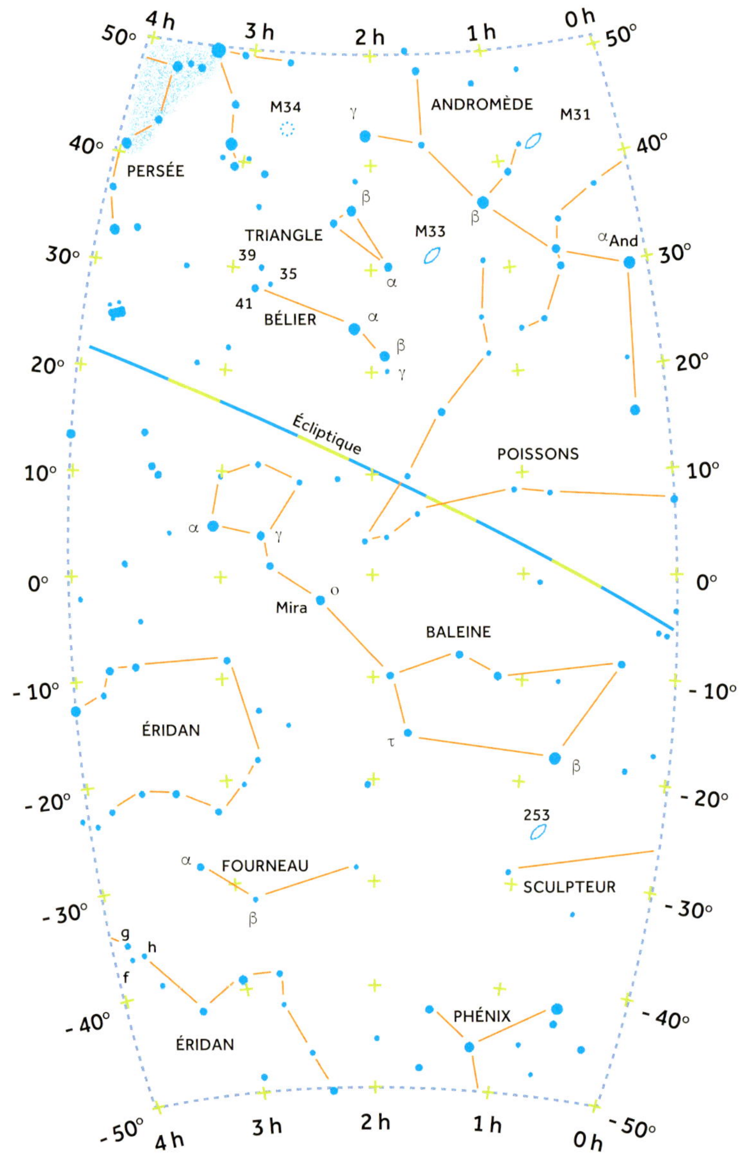

Constellations visibles près du méridien vers 23 h pendant la première semaine de novembre.

LE BÉLIER, ARIES

Le Bélier est l'une des plus petites constellations du zodiaque située entre le Taureau et les Poissons. Le Soleil traverse le Bélier entre le 20 avril et le 14 mai chaque année. Il représente le bélier à la Toison d'or recherché par Jason et les Argonautes.

On le localise en se repérant au Carré de Pégase à l'ouest et aux Pléiades à l'est. Gamma (γ) est une belle étoile double visible avec un petit télescope. Les quatre étoiles 33, 35, 39 et 41, autrefois appelées Musca Borealis, ou la Mouche boréale, représentent les mouches volant autour de la queue du bélier.

LA BALEINE, CETUS

Surnommée aussi le « monstre marin », c'est l'une des plus grandes constellations du ciel. Elle représente le monstre qui s'apprêtait à dévorer la belle Andromède (voir ci-contre). La Baleine n'est pas facile à repérer parce que ses étoiles sont presque toutes faibles ; même les plus brillantes – Alpha (α) et Bêta (β) – ne sont que de deuxième magnitude. Gamma (γ) est une jolie binaire, avec des parties bleues et jaunes, visible avec un petit télescope. Tau (τ) présente l'unique intérêt d'être une naine jaune presque identique au Soleil. Mais la pièce de résistance de la constellation est Omicron (ο), plus connue sous le nom de Mira, qui signifie « la Merveilleuse ». Elle doit son nom au fait qu'elle a été la première géante rouge variable découverte, en 1596, par l'astronome hollandais David Fabricus. La luminosité de Mira varie de manière notable sur une période d'environ 11 mois. À sa magnitude maximale, 3, elle est facilement visible à l'œil nu, mais elle faiblit ensuite jusqu'à la dixième magnitude environ.

LE TRIANGLE, TRIANGULUM

Cette petite constellation ne pourrait être mieux nommée car son trio d'étoiles principales forme un triangle rectangle parfait. L'objet à rechercher dans le Triangle est M33, une galaxie spirale qui se présente à nous de face. Elle est juste assez brillante pour être repérée à l'œil nu quand la nuit est vraiment noire, entre Alpha (α) et l'étoile Bêta (β) d'Andromède.

▲ Une pouponnière d'étoiles dans la magnifique galaxie spirale M33.

Étoiles visibles en novembre

EN HAUT : EN REGARDANT VERS LE SUD

Constellations visibles dans l'hémisphère Nord vers 23 h le 7 novembre ou autour de cette date.

Tandis que Pégase vole vers l'ouest, accompagné des pâles constellations des Poissons, de la Baleine et du Verseau, Orion avance à grands pas à l'est. Il fait face au Taureau qui le charge, cornes baissées et œil furieux, symbolisé par Aldébaran. Les Pléiades, astérisme qui porte le nom des sœurs qu'Orion pourchasse dans la mythologie grecque, sont un peu plus hauts dans le ciel. Cet exceptionnel amas ouvert ou amas galactique est maintenant bien placé pour être observé.

EN BAS : EN REGARDANT VERS LE NORD

Constellations visibles dans l'hémisphère Nord vers 23 h le 7 novembre ou autour de cette date.

Ce mois-ci, le Cygne (Cygnus) vole à la verticale à l'ouest, son long cou étiré et ses ailes déployées, comme s'il plongeait la tête la première pour rejoindre l'horizon. Cependant, l'autre oiseau, l'Aigle (Aquila), y arrivera en premier. Leurs étoiles brillantes forment toujours un triangle remarquable avec Véga (Lyra). À l'est, le Petit Chien s'est levé et Procyon rejoint Castor, Pollux et Capella.

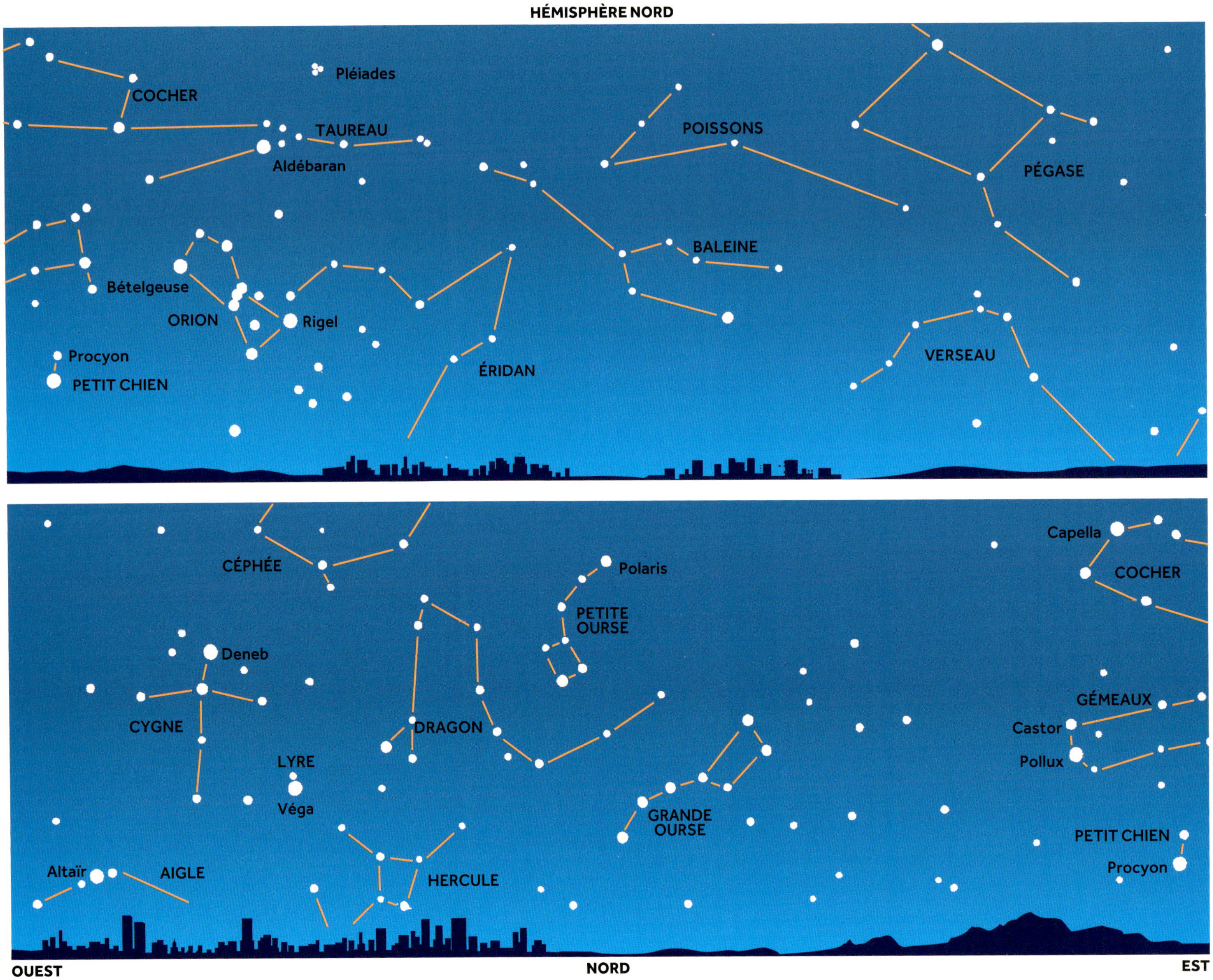

EN HAUT : EN REGARDANT VERS LE SUD

Constellations visibles dans l'hémisphère Sud vers 23 h le 7 novembre ou autour de cette date.

La partie la plus basse du ciel n'est pas aussi éblouissante ce mois-ci. Le Scorpion et le Sagittaire ont presque entièrement disparu dans le sud-ouest, emportant la région la plus brillante de la Voie lactée. Le sud-est est à présent la zone la plus brillante du ciel, avec Sirius et Canopus relativement proches. Basses dans le ciel au sud, les deux étoiles jumelles brillantes, Alpha et Bêta Centauri, sont proches du méridien, tandis que la Croix du Sud vient de le dépasser.

EN BAS : EN REGARDANT VERS LE NORD

Constellations visibles dans l'hémisphère Sud vers 23 h le 7 novembre ou autour de cette date.

Alors que Pégase continue de voler vers l'ouest, avec les constellations des Poissons, du Bélier et du Verseau, le magnifique Orion progresse à l'est pour affronter le Taureau en train de le charger et dont l'œil est représenté par Aldébaran. À l'est se trouvent maintenant les deux chiens célestes, Canis Major et Minor (juste hors du cadre, tout à droite). L'étoile la plus brillante du ciel, Sirius, est bien au-dessus de l'horizon, bien que Procyon soit tout en bas. La galaxie d'Andromède est de nouveau bien placée pour être observée.

HÉMISPHÈRE SUD

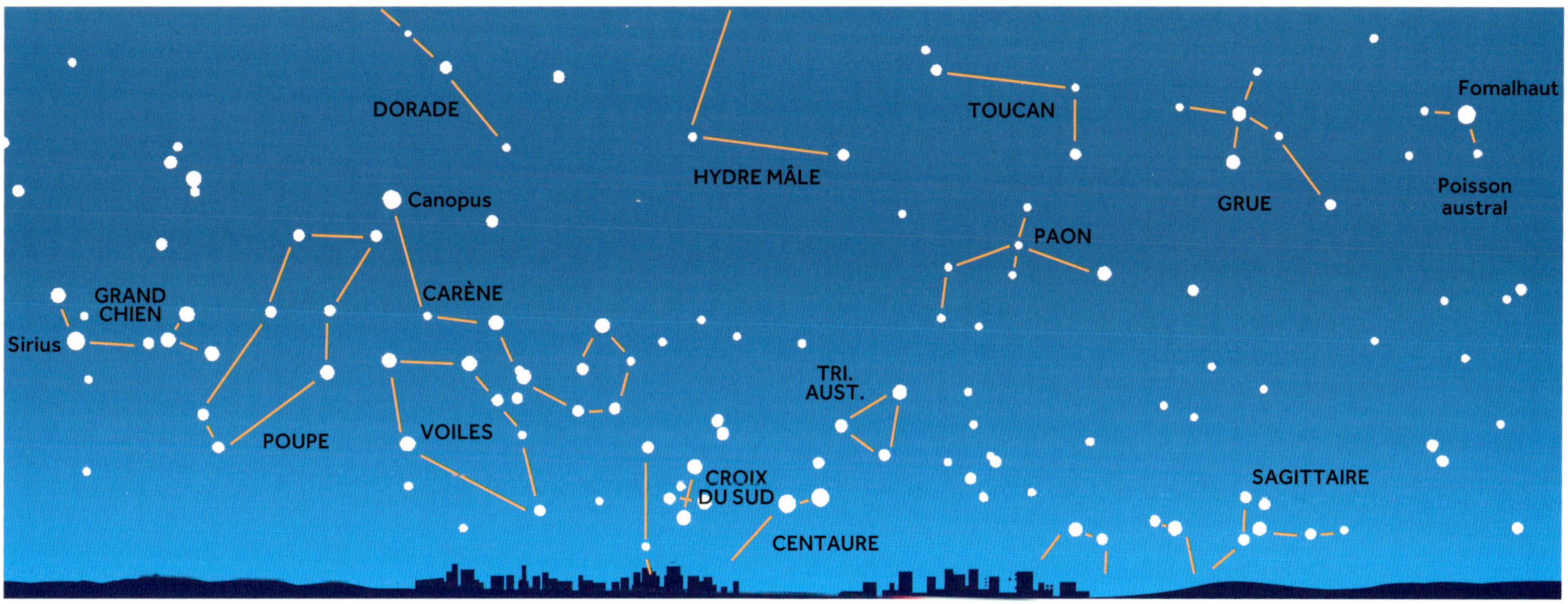

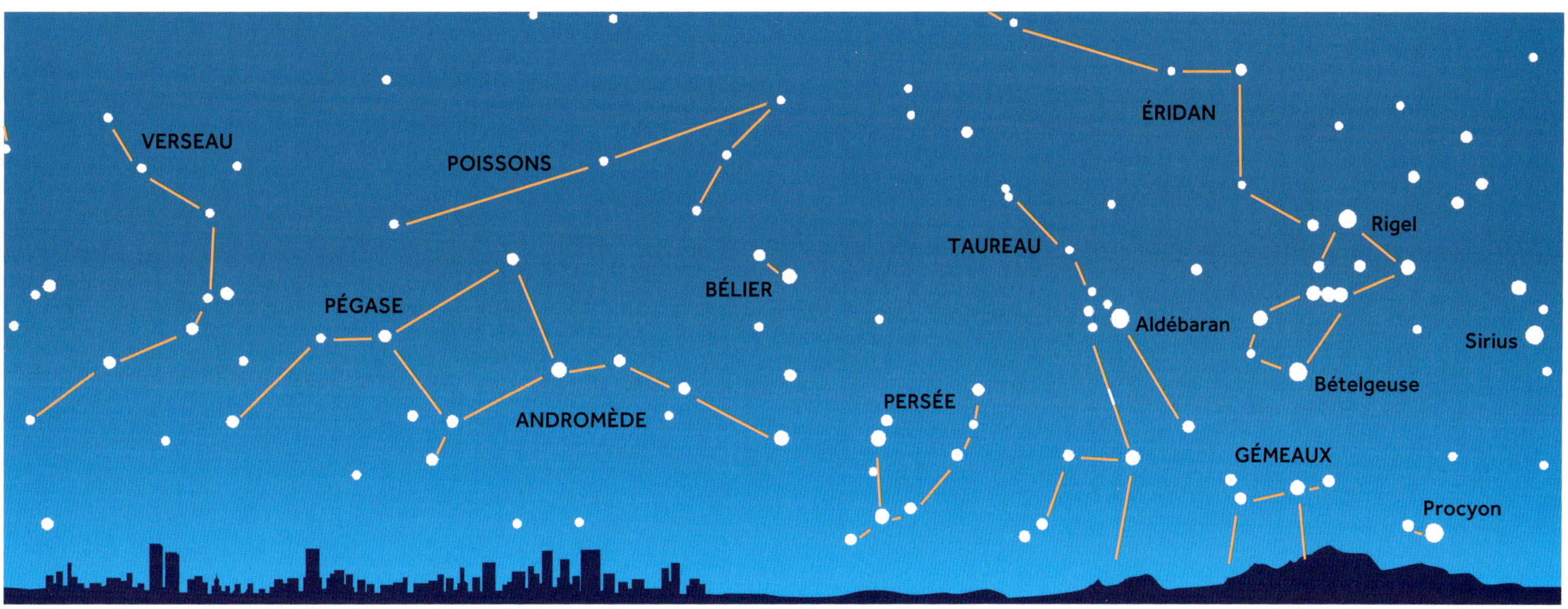

OUEST NORD EST

Étoiles visibles en décembre

Ce mois-ci, les étoiles peu lumineuses des quelques mois précédents ont toutes dérivé et sont remplacées par la Voie lactée et plusieurs constellations époustouflantes, de Persée au nord au Grand Chien au sud, en passant par le Taureau et Orion. L'amas le plus célèbre du ciel nocturne, les Pléiades, ou les Sept Sœurs, est maintenant bien placé pour être observé dans les deux hémisphères.

L'ÉRIDAN, ERIDANUS

Cette constellation extrêmement longue serpente dans le ciel austral. Ce n'est donc pas vraiment surprenant que l'Éridan ait été identifié aux fleuves les plus anciens.

L'Éridan se lève près de la brillante Rigel dans la constellation d'Orion et se fraye tranquillement un chemin vers le sud. Son embouchure est représentée par son étoile la plus brillante, l'étoile de première magnitude Achernar, dont le nom signifie « fin de la rivière » en arabe. Cette étoile est la neuvième étoile la plus brillante du ciel.

Cette sinueuse constellation possède quelques étoiles dignes d'intérêt. Omicron-2 (s2) est une étoile multiple que les petits télescopes arrivent à diviser en une paire. Avec un télescope plus grand, la plus faible des deux se révèle être une paire de naines, l'une rouge, l'autre blanche. Plus à l'ouest se trouve Epsilon (ε), qui est la troisième étoile visible à l'œil nu la plus proche de nous, à une distance de 10,7 années-lumière. Elle est aussi l'étoile semblable au Soleil la plus proche de la Terre.

LE FOURNEAU, FORNAX

Constellation récente (vers 1750), le Fourneau commémore les progrès de la sidérurgie qui ont participé à la Révolution industrielle. Ce n'est pas une constellation très brillante et elle ne présente réellement d'intérêt que pour les observateurs équipés d'un télescope. Au sud-ouest de Bêta (β), ils pourront repérer une petite galaxie irrégulière qui fait partie de notre Groupe local de galaxies. Au sud-est de Bêta, près du triangle d'étoiles formé par Phi (ϕ), Gamma (γ) et Êta (η) dans l'Éridan voisin, se trouve l'amas de galaxies du Fourneau. Situé à une distance de plus de 60 millions d'années-lumière, c'est l'un des amas les plus proches de nous.

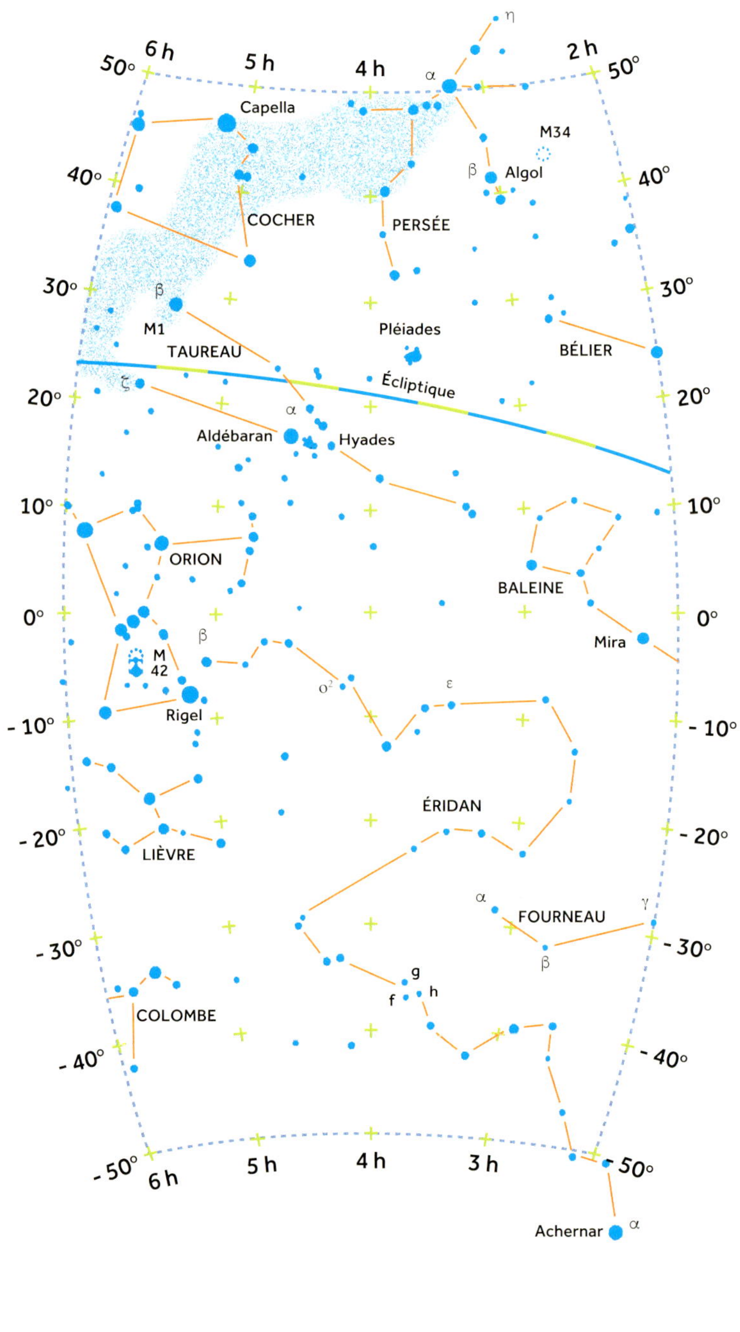

Constellations visibles près du méridien vers 23 h pendant la première semaine de décembre.

▲ Ci-dessus : la nébuleuse du Crabe dans le Taureau est née dans une supernova repérée il y a presque 1 000 ans.

▲ Ci-dessus à droite : nébulosité entourant les étoiles de l'amas des Pléiades. Elles sont blanches, chaudes et jeunes.

PERSÉE, PERSEUS

Persée était l'un des grands héros de la mythologie grecque. C'est lui qui a décapité la terrible Méduse, la Gorgone à la chevelure formée de serpents dont le regard transformait les mortels en pierre. C'est lui aussi qui, en rentrant chez lui après ses aventures, a sauvé Andromède de la gueule du monstre marin Cetus.

Cette constellation du grand Nord a beaucoup de choses pour elle. L'astérisme formé par Bêta (β) et ses voisines représente la tête de Méduse. Bêta est connue sous le nom d'Algol, la « tête du démon ». C'est une variable à éclipses de type binaire dans laquelle une étoile brillante et une étoile faible s'éclipsent périodiquement l'une l'autre. La luminosité de Bêta chute par conséquent ce qui donne l'impression qu'elle clignote. Cela se produit à un rythme extrêmement régulier, tous les 2 jours et 21 heures, quand elle passe de la deuxième à la troisième magnitude pendant environ 9,6 heures. Algol a été la première binaire à éclipses identifiée, par l'astronome anglais John Goodricke en 1782. Au nord-ouest d'Algol et à environ mi-chemin de Gamma (γ), dans la constellation voisine d'Andromède, se trouve un amas ouvert (M34) qui est juste visible à l'œil nu.

LE TAUREAU, TAURUS

Le Taureau est l'une des constellations du zodiaque les plus faciles à repérer, elle représente un taureau en train de charger avec un œil rouge et des cornes. Le Soleil traverse la constellation entre le 14 mai et le 21 juin chaque année.

Dans la mythologie, le taureau est l'une des nombreuses formes prises par Zeus pour séduire ses conquêtes. Pour attirer l'attention de la jolie princesse Europe, il se transforma ainsi en un beau taureau blanc. La jeune femme monta sur son dos et il nagea jusqu'en Crète où il reprit sa forme humaine. L'un de leurs enfants devint le roi Minos qui construisit le célèbre labyrinthe de Cnossos et encouragea le culte du taureau.

Les points d'intérêt abondent dans le Taureau. Aldébaran représente l'œil rouge du Taureau. Il est entouré, visuellement mais pas dans l'espace, de l'amas ouvert des Hyades. Cet amas présente une forme en V et se voit facilement à l'œil nu, ses étoiles les plus brillantes étant de quatrième magnitude environ.

À une distance de quelque 150 années-lumière, les Hyades sont l'un des amas ouverts les plus proches de nous (mais il est deux fois plus loin qu'Aldébaran).

Plus au nord se trouve l'amas ouvert des Pléiades (M45). On l'appelle couramment les Sept Sœurs, mais il faut une excellente vue pour visualiser ses sept étoiles les plus brillantes. Alcyone (de magnitude 2,9) est la plus brillante. Avec des jumelles, de nombreuses autres étoiles apparaissent dans l'amas qui en contiendrait plus de 500 en tout. Elles sont relativement jeunes, environ 10 à 20 millions d'années. Le centre de l'amas des Pléiades se trouve à environ 450 années-lumière, beaucoup plus loin que les Hyades qui sont plus anciennes.

Le premier objet du catalogue de Messier, M1, couramment appelé la nébuleuse du Crabe, est un autre objet digne d'intérêt dans la constellation. Il s'agit des restes de l'explosion d'une supernova qui a eu lieu en juillet 1054 et a été vue par des astronomes chinois. Ils ont consigné que cette « étoile invitée » brillait si fort qu'elle a pu être vue pendant plus de trois semaines en plein jour. Le reste de la supernova est encore en expansion, mais uniquement visible au télescope.

Étoiles visibles en décembre

EN HAUT : EN REGARDANT VERS LE SUD

Constellations visibles dans l'hémisphère Nord vers 23 h le 7 décembre ou autour de cette date.

À l'ouest du méridien, le ciel est relativement terne, dominé par la Baleine et l'Éridan, ainsi que par les Poissons, Andromède et Pégase. À l'est du méridien, Orion occupe le milieu du ciel, avec le Taureau plus haut et le Grand Chien plus bas. Le Petit Chien et les Gémeaux sont également bien au-dessus de l'horizon. Sirius, Rigel, Aldébaran, Capella, Pollux et Procyon forment un polygone d'étoiles brillantes.

EN BAS : EN REGARDANT VERS LE NORD

Constellations visibles dans l'hémisphère Nord vers 23 h le 7 décembre ou autour de cette date.

Le Cygne n'a pas encore atteint l'horizon à l'ouest, mais l'Aigle a maintenant disparu sous l'horizon. Véga est toujours visible assez basse dans le ciel à l'est, mais plus le Triangle d'été. Les étoiles du manche de la Petite Casserole sont maintenant au méridien. Dans le grand ouest, le Carré de Pégase est bien visible, mais plus pour très longtemps. Dans le grand est, le Lion se lève, avec la brillante Régulus et la courbe d'étoiles juste au-dessus dessinant la faucille habituelle.

HÉMISPHÈRE NORD

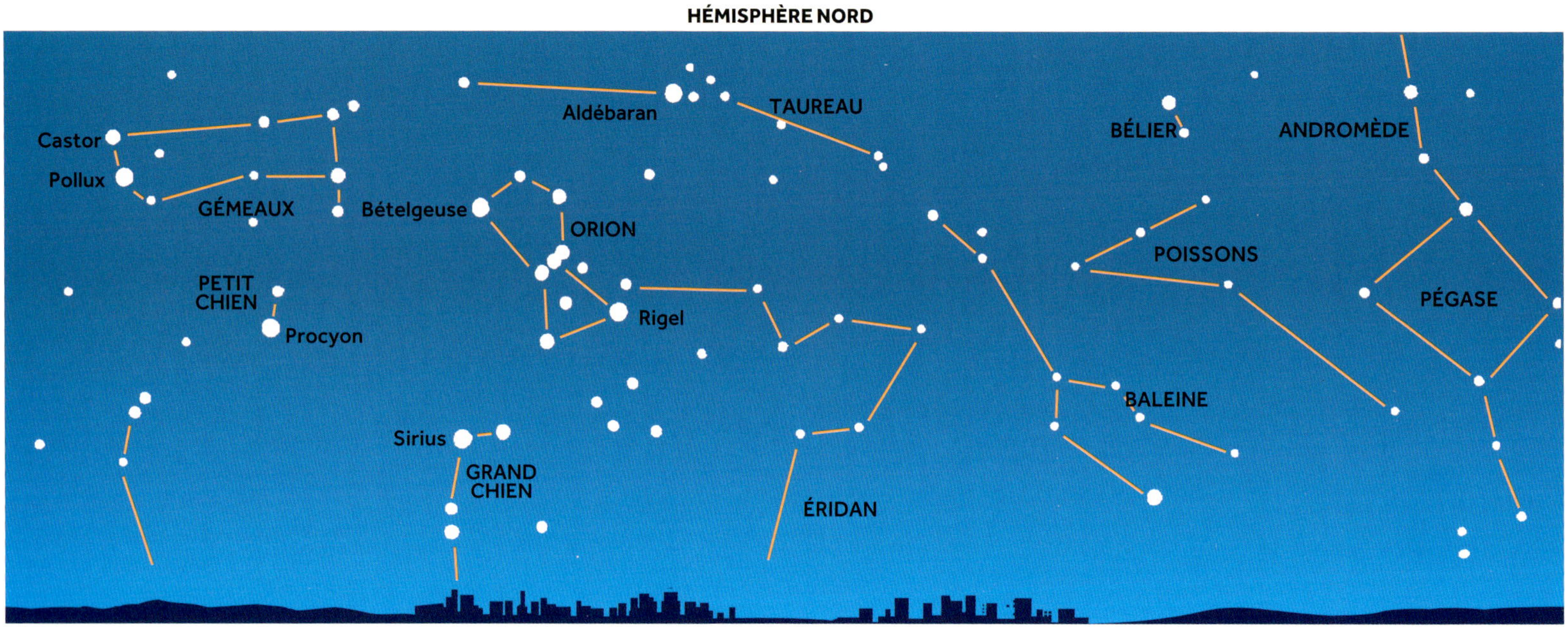

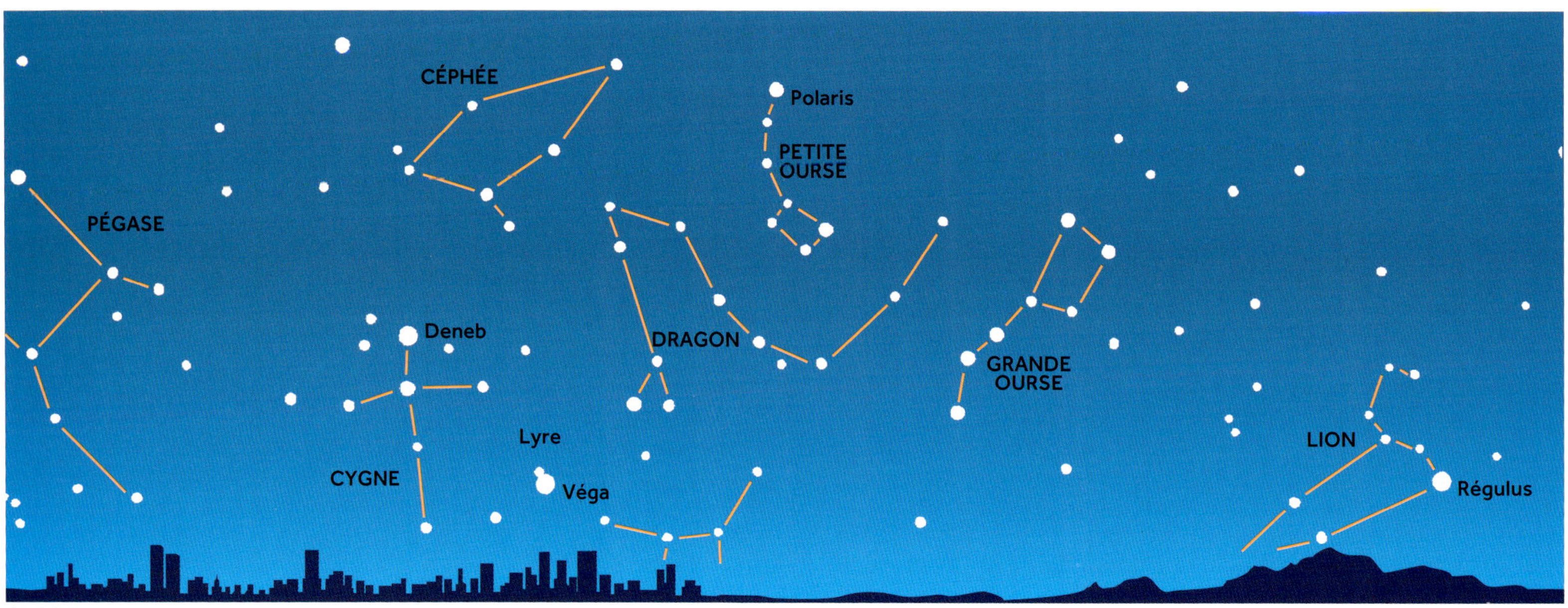

OUEST NORD EST

EN HAUT : EN REGARDANT VERS LE SUD

Constellations visibles dans l'hémisphère Sud vers 23 h le 7 décembre ou autour de cette date.

Le Triangle austral (Triangulum Australe) est de retour au méridien ce mois-ci, mais très bas. Il y a six mois, en juin, il était aussi au méridien, mais en haut. Cela nous rappelle que le ciel a tourné d'un demi-cercle depuis cette date. Les principaux points d'intérêt du ciel sont situés dans le sud-est où se trouvent à présent les constellations brillantes. À l'ouest du méridien, le ciel est terne, seules Achernar et Fomalhaut s'illustrent.

EN BAS : EN REGARDANT VERS LE NORD

Constellations visibles dans l'hémisphère Sud vers 23 h le 7 décembre ou autour de cette date.

À l'ouest du méridien, le ciel est vide, dominé par des constellations faiblement lumineuses comme la Baleine et les Poissons. À l'est du méridien, le Taureau se trouve au milieu du ciel, avec Orion encore plus haut et le Grand Chien plus à l'est. Le Petit Chien, les Gémeaux et le Cocher sont également bien au-dessus de l'horizon. Sirius, Rigel, Aldébaran, Capella, Pollux et Procyon sont également visibles ensemble dans le ciel.

HÉMISPHÈRE SUD

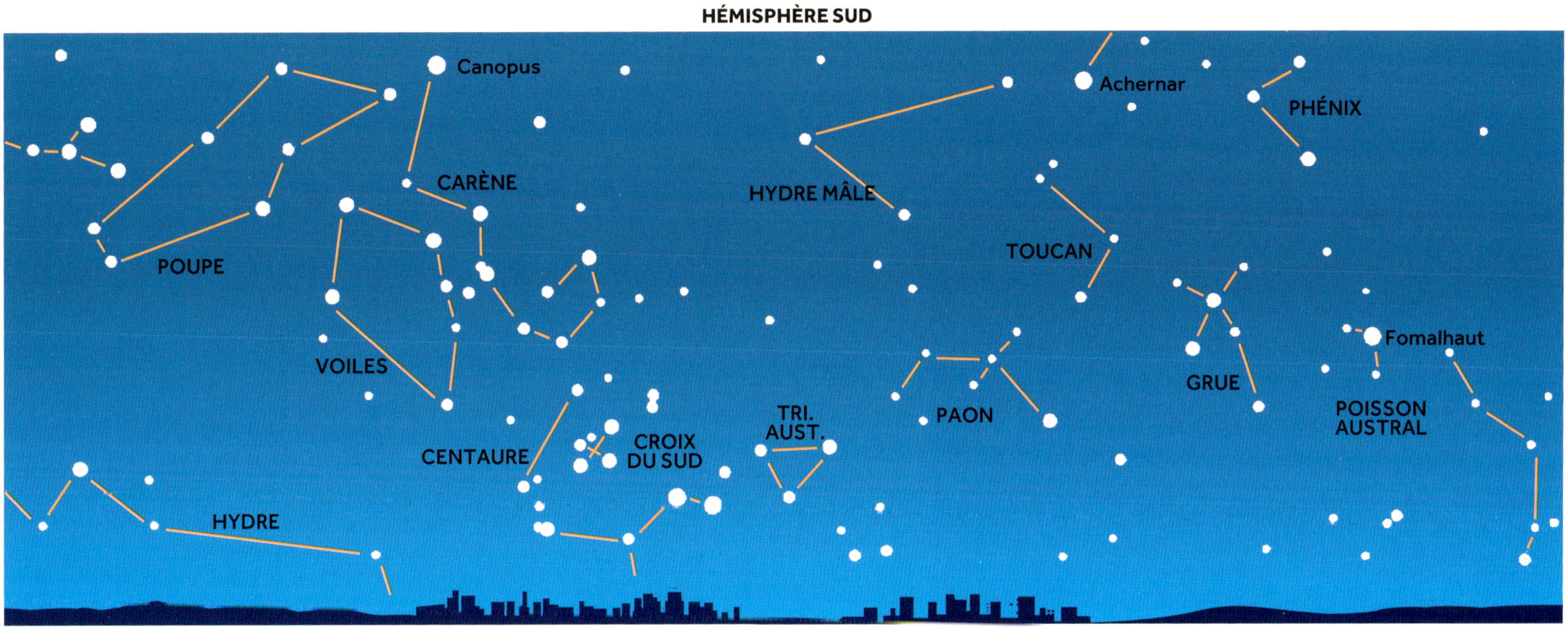

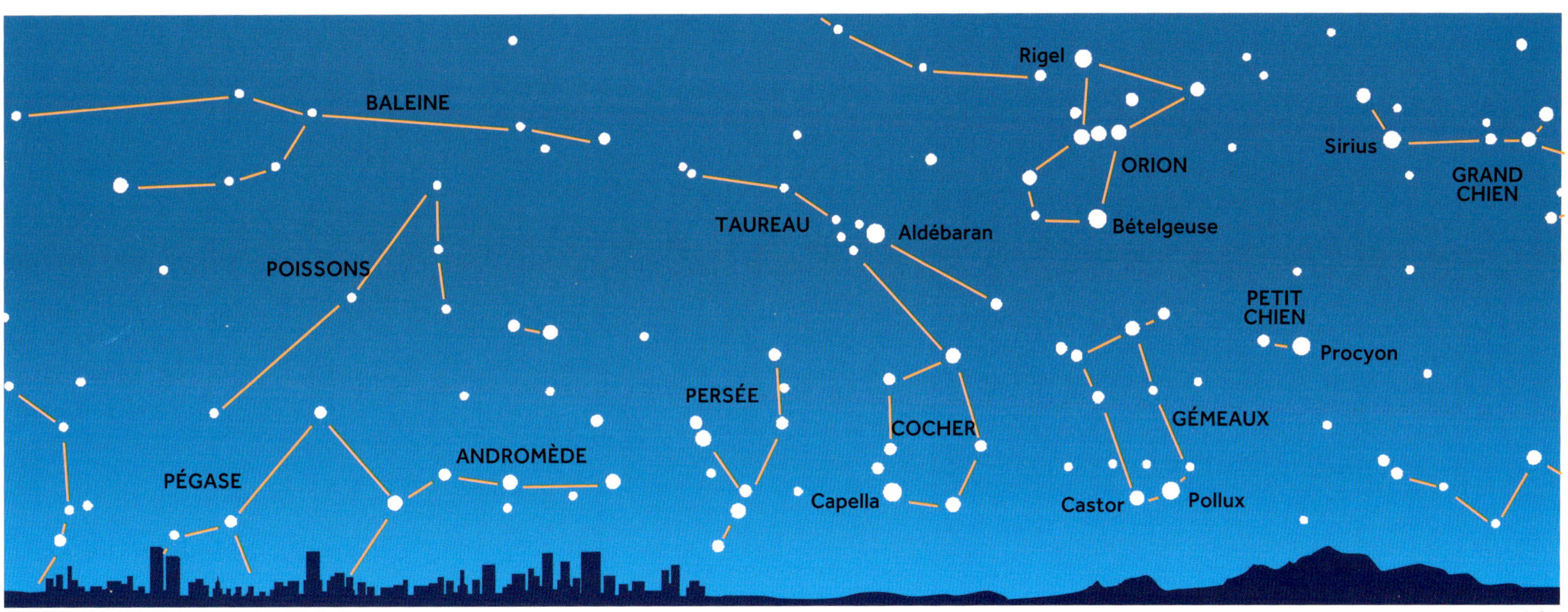

OUEST NORD EST

Dates clés de l'astronomie

3000 av. J.-C. L'astronomie babylonienne et égyptienne se développe au Moyen-Orient.

entre -2800 et -2100 av. J.-C. Les Bretons insulaires commencent à construire Stonehenge qui va devenir l'un des premiers observatoires astronomiques.

611 av. J.-C. Première observation attestée du phénomène qui allait être baptisé « comète de Halley ».

585 av. J.-C. Le philosophe grec Thalès de Milet prédit l'éclipse solaire de cette année-là.

IIe siècle av. J.-C. Aristarque de Samos suggère que la Terre tourne autour du Soleil. Ératosthène mesure la circonférence de la Terre avec une précision surprenante.

vers 150 av. J.-C. Hipparque dresse un catalogue de plus de 1 000 étoiles. Il découvre la précession.

150 Ptolémée écrit un traité d'astronomie complet détaillant les connaissances existantes, y compris le concept d'un univers centré sur la Terre, l'univers ptolémaïque. Ce traité devient célèbre dans sa traduction arabe, l'Almageste, « la plus grande ».

1054 Des astronomes chinois assistent à l'explosion de la supernova qui va donner naissance à la nébuleuse du Crabe.

1543 Nicolas Copernic propose un univers centré sur le Soleil, contraire à la croyance de l'Église en l'univers ptolémaïque centré sur la Terre.

1570 Galilée fait les premières observations télescopiques du ciel. Johannes Kepler publie ses premières lois du mouvement planétaire, dont l'une statue que les planètes se déplacent autour du Soleil en décrivant des orbites elliptiques.

1570 Tycho Brahe observe une supernova, aujourd'hui appelé étoile de Tycho.

1572 Johannes Kepler observe une supernova qui va prendre le nom d'étoile de Kepler.

1600 Giordano Bruno est brûlé vif pour avoir soutenu la théorie de Copernic.

1668 Newton construit le premier télescope réflecteur.

1675 Fondation de l'observatoire de Greenwich.

1682 Edmond Halley prédit (sans se tromper) le retour (en 1758) de la comète qui porte aujourd'hui son nom.

1687 Isaac Newton formule ses lois de la gravité.

1781 William Herschel découvre Uranus.

1783 John Goodricke explique la variation de luminosité d'Algol, la première binaire à éclipses identifiée.

1774 Charles Messier publie un catalogue de nébuleuses et d'amas stellaires.

1801 Giuseppe Piazzi découvre Cérès, le premier astéroïde.

1802 William Herschel introduit le terme « étoile binaire ».

1838 Friedrich Bessel mesure la distance de la Terre à une étoile, 61 Cygni, en utilisant la méthode de la parallaxe.

1845 William Parsons ou Lord Rosse découvre la structure spirale d'une nébuleuse qui sera appelée plus tard la galaxie du Tourbillon, M51.

1846 John Adams et Urbain Le Verrier déterminent indépendamment la position d'une nouvelle planète que Johann Galle est en train de découvrir, la planète Neptune.

1877 Giovanni Schiaparelli reporte avoir vu des « canali » sur Mars, lançant l'idée d'une race de Martiens doués d'intelligence.

1882 La comète vue cette année est la plus brillante jamais observée.

1888 John Louis Emil Dreyer publie son *New General Catalogue of Nebulae and Clusters of Stars* – les nombres NGC sont toujours largement utilisés.

1901 Une nova brillante est visible dans la constellation de Persée.

1910 Retour de la comète de Halley, mais la « grande comète de janvier 1910 » visible en plein jour, lui vole la vedette.

1910 Henry Russell découvre la relation entre la luminosité stellaire et le type spectral, en même temps qu'Ejnar Hertzsprung, et ils établissent le diagramme Hertzsprung-Russell (H-R).

1912 Henrietta Leavitt découvre la relation entre la luminosité des étoiles variables Céphéides et leur période de variation. Vesto Slipher découvre le décalage vers le rouge des nébuleuses extragalactiques.

1915 Albert Einstein annonce sa théorie générale de la relativité qui révolutionne les concepts d'espace, de temps et de mouvement.

1917 Le télescope Hooker de 2,5 m est utilisé à l'Observatoire du Mont Wilson près de Pasadena en Californie.

1925 Edwin Hubble découvre des galaxies au-delà de la nôtre avec le télescope Hooker.

1930 Clyde Tombaugh découvre Pluton.

1932 Karl Jansky découvre des ondes radio venant du ciel et lance la radioastronomie.

1949 Le télescope Hale de 5 m est achevé à l'Observatoire du Mont Palomar près de Pasadena en Californie.

1957 Le radiotélescope de Jodrell Bank est opérationnel à Cheshire en Angleterre.

1957 Lancement du premier satellite artificiel, *Spoutnik 1*.

1958 Le premier satellite américain, *Explorer 1*, découvre les ceintures de radiation de Van Allen.

1959 La sonde russe *Luna 3* photographie la face cachée de la Lune.

1962 La première sonde planétaire à réussir sa mission, *Mariner 2*, transmet des rapports sur Vénus.

1964 Découverte des quasars.

1965 *Mariner 4* prend les premières photographies de près de Mars. La comète Ikeya-Seki est splendide vue à l'œil nu. Arno Penzias et Robert Wilson captent le fond diffus cosmologique, un rayonnement électromagnétique dans le domaine des micro-ondes à une température de 3 kelvins (3 degrés en dessous du zéro absolu), en concordance avec la théorie du Big Bang.

1967 Des astronomes de Cambridge en Angleterre découvrent les pulsars.

1969 Le 20 juillet, les astronautes d'*Apollo 11* atterrissent sur la Lune. Neil Armstrong fait le premier pas sur le sol lunaire.

1974 *Pioneer 10* étudie Jupiter.

1976 Les sondes *Viking 1* et *2* atterrissent sur Mars.

1977 Découverte d'anneaux autour d'Uranus.

1979 Les sondes *Voyager 1* et *2* survolent Jupiter. *Pioneer 11* renvoie des informations sur Saturne.

1981 Lancement de la première navette spatiale.

1986 *Voyager 2* survole Uranus. La comète de Halley revient, elle est photographiée de près par la sonde européenne *Giotto*.

1987 Une supernova visible à l'œil nu est repérée dans le Grand Nuage de Magellan, et baptisée SN 1987A.

1989 *Voyager 2* survole Neptune.

1990 Lancement du télescope spatiale *Hubble* depuis la navette spatiale.

1994 Des fragments de la comète Shoemaker-Levy 9 s'écrasent sur Jupiter.

1996 La comète Hyakutake est facilement visible à l'œil nu.

1997 La comète Hale-Bopp devient l'une des comètes les plus brillantes du siècle.

1998 *Lunar Prospector* découvre des dépôts de glace sur la Lune.

1999 Le 11 août, l'éclipse totale du Soleil traverse certaines des régions les plus peuplées du monde de l'Angleterre à l'Inde. Un temps nuageux perturbe l'observation dans la plupart des sites européens.

2001 *Near Earth Asteroid Rendezvous (NEAR) Shoemaker* atterrit sur Éros. C'est le premier atterrissage en douceur sur un astéroïde.

2003 La Chine lance un astronaute dans l'espace et devient le troisième pays au monde à posséder un programme spatial habité.

2005 L'atterrisseur *Huygens* découvre des lacs d'hydrocarbures liquides sur Titan, la plus grande lune de Saturne.

2006 Pluton, Cérès et Éris sont reclassifiées dans la catégorie des planètes naines, de même que plusieurs grands corps découverts dans la ceinture de Kuiper.

2011 La sonde *Messenger* est la première à entrer en orbite autour de Mercure.

2012 Une étude de l'observatoire spatial Kepler estime que le nombre de planètes dans l'univers est supérieur au nombre d'étoiles.

2015 Après neuf ans dans l'espace, *New Horizons* survole Pluton et révèle sa surface glacée pour la première fois.

2015 Premières observations d'ondes gravitationnelles. Les ondes gravitationnelles sont des oscillations de la courbure de l'espace-temps causées par le mouvement d'objets massifs. Dans ce cas, les ondes étaient causées par la coalescence de deux trous noirs.

2017 Oumuamua, un rocher de 230 m en forme de cigare, est observé alors qu'il passe devant le Soleil. Sa trajectoire montre qu'il provient de l'extérieur du système solaire et qu'il s'agit donc du premier objet interstellaire à être observé. Il se déplace si rapidement qu'il quittera le système solaire dans 20 000 ans.

2018 Des observations révèlent que le noyau galactique de la Voie lactée contient des dizaines, et sans doute jusqu'à 10 000, trous noirs.

Index

A
Apollo, 41, 42, 80
Argonautes, 60, 73, 115
Ariane, Princesse, 88

C
Callisto, 58, 84
Castor, 64, 70, 71, 72, 74, 75, 79, 82, 92, 102, 112, 116
sphère céleste, 5, 10, 21, 25, 26, 30, 52, 53, 76
coordonnées, 25
longitude, 25, 31, 52, 55, 111
nuages, *voir nébuleuses*
constellations :
Andromède, 23, 26, 56, 110, 112, 115, 117, 119, 120
Verseau, 84, 92, 95
Aigle, 26, 86, 94, 98, 100, 104, 106, 116, 120
Navire Argo, 73, 77, 87
Bélier, 26, 31, 52, 56, 111, 113, 115, 117
Cocher, 64, 78, 55, 121
Bouvier, 26, 74, 78, 80, 82, 83, 84, 87, 88, 93, 98, 104
Cancer, 26, 72, 76
Chiens de chasse, 26, 80
Grand Chien, 26, 64, 65, 66, 70, 78, 87, 113, 117, 119, 120, 121
Petit Chien, 27, 66, 70, 72, 74, 75, 116, 117, 120, 121
Capricorne, 26, 100
Carène 26, 60, 73, 77, 87, 93, 99, 109, 113
Cassiopée, 21, 26, 29, 56, 57, 70, 74, 82, 86, 92, 98, 114
Centaure, 21, 26, 60, 62, 75, 84, 85, 93, 109
Céphée, 26, 26, 56, 70, 78, 114
Baleine, 21, 26, 108, 112, 115, 116, 119, 120, 121
Colombe, 26, 65
Chevelure de Bérénice, 26, 85
Couronne australe, 26
Couronne boréale, 26, 78, 88, 93, 115
Corbeau, 26, 80
Croix du Sud, 26, 60, 61, 71, 79, 83, 93, 113, 117
Cygne, 26, 74, 82, 94, 98, 100, 101, 102, 106, 116, 120
Dauphin, 26, 101
Dorade, 26, 60
Dragon, 26, 56, 70
Éridan, 26, 75, 109, 112, 113, 118, 120
Fausse Croix, 60, 61, 77
Fourneau, 26, 118
Gémeaux, 26, 72, 79, 82, 102, 112, 120, 121
Grue, 26, 93, 105, 106, 107
Hercule, 26, 56, 76, 77, 78, 88, 93, 99
Hydre, 26, 76, 78, 80, 81, 84
Lézard, 26, 107
Lion, 27, 72, 76, 77, 78, 81, 82, 85, 87, 92, 120
Lièvre, 27, 65
Balance, 27, 76, 81, 83, 84, 89
Loup, 27, 85
Lynx, 27, 76
Lyre, 27, 55, 86, 94, 95, 98, 99, 100, 116
Licorne, 27, 73
Circumpolaires dans l'hémisphère Nord, 53, 56, 57
Serpentaire, 27, 31, 83, 89, 92, 93, 94, 99
Orion, 21, 23, 27, 64, 65, 66, 69, 70, 72, 74, 75, 78, 82, 90, 112, 113, 114, 116, 117, 118, 120, 121
Pégase, 27, 92, 98, 105, 106, 108, 110, 112, 113, 114, 115, 116, 117, 120
Persée, 27, 110, 114, 118, 119, 122
Phénix, 27, 105, 109, 111
Poissons, 27, 107, 108, 109, 111, 112, 113, 115, 116, 117, 120, 121
Poisson austral, 27, 93, 106, 111
Pléiades, 27, 60, 66, 70, 71, 75, 108, 115, 116, 118, 119
Poupe, 27, 73, 74, 87, 113
Flèche, 27, 101
Sagittaire, 27, 87, 90, 92, 94, 95, 98, 101, 104, 106, 109, 117
Scorpion, 21, 27, 66, 79, 83, 86, 88, 89, 90, 91, 94, 98, 99, 105, 109, 117
Sculpteur, 27, 111
Écu, 27, 95,101
Tête du Serpent, 27, 88, 89, 94, 95
Queue du Serpent, 27, 89, 94
Circumpolaires dans l'hémisphère Sud, 53, 60, 61
Taureau, 27, 31, 72, 74, 75, 76, 112, 115, 116, 117, 118, 119, 120, 121
Triangle, 27, 115
Triangle austral, 27, 27, 121
Toucan, 27, 61, 83, 93, 105
Grande Ourse (Grande Casserole ou Grand Chariot), 27, 29, 57, 58, 70, 78, 80, 84, 98
Petite Ourse, 27, 29, 57, 58, 70, 80, 98, 116, 117
Voiles, 27, 60, 73, 74, 77, 87, 93, 99, 113
Vierge, 27, 75, 76, 77, 78, 79, 80, 81, 82, 83, 84, 85, 87, 88, 89
Petit Renard, 27, 101
Voir aussi étoiles
Crotos, 95

D
Dionysos, 88

E
Équateur, 25, 29, 30, 52
Europe, Princesse, 119

G
galaxies :
Andromède, d', 23, 26, 56, 74, 92, 98, 110, 112, 113, 114, 115, 117, 119, 120
Antennes, des, 14, 81
Centaure, du, 62
Corbeau, du, 26, 26, 80
M100, 85
M101, 58
M106, 58
Voie lactée, 55, 56, 60, 64, 72, 73, 74, 76, 77, 79, 82, 85, 86, 87, 89, 90, 95, 98, 99, 100, 101, 105, 106, 107, 117, 118
Sculpteur (NGC25), 111
Tourbillon (M51), du, 81, 122
Ganymède, 106
Goodricke, John, 119, 122
alphabet grec, 55
Greenwich, Angleterre, 52, 122

H
Halley, Edmond, 80, 122
Hevelius (Johannes), 76

K
Kitt Peak National Observatory, 12

L
Léda, reine de Sparte, 72, 102

M
Méduse, 110, 119

N
nébuleuses (nuages) :
Crabe, du, 119, 122
Dentelles du Cygne, des, 102
Haltère, de l', 101
Aigle, de l', 89, 94, 97
Hélice, de l', 107
Tête de Cheval, de la, 65, 66, 68
Lagune, de la, 95, 101
Grand Nuage de Magellan, 60, 61, 123
NGC7000, 102
NGC7009, 106
Orion, d', 66
Anneau, de l', 95
Petit Nuage de Magellan, 61, 123
Tarentule, de la, 60

O
Orphée, 94

P
Pollux, 64, 70, 71, 72, 74, 75, 79, 82, 83, 92, 102, 112, 116, 121
Poséidon, 56, 66, 101, 114
Ptolémée, roi, 85, 122

R
Romulus et Rémus, 72

S
carte des étoiles :
Janvier, 64
hémisphère Nord, 70
hémisphère Sud, 71
Février, 72
hémisphère Nord, 74
hémisphère Sud, 75
Mars, 76
hémisphère Nord, 78
hémisphère Sud, 79
Avril, 80
hémisphère Nord, 82
hémisphère Sud, 83
Mai, 84
hémisphère Nord, 86
hémisphère Sud, 87
Juin, 88
hémisphère Nord, 92
hémisphère Sud, 93
Juillet, 94
hémisphère Nord, 98
hémisphère Sud, 99
Août, 100
hémisphère Nord, 104
hémisphère Sud, 105
Septembre, 106
hémisphère Nord, 108
hémisphère Sud, 109
Octobre, 110
hémisphère Nord, 112
hémisphère Sud, 113
Novembre, 114
hémisphère Nord, 116
hémisphère Sud, 117
Décembre, 118
hémisphère Nord, 120
hémisphère Sud, 121
étoiles :
Albiréo, 102
Alcor, 58
Aldébaran, 64, 70, 71
Alpha Centauri, 60, 62, 79, 83, 85, 117
Alphard, 76
Altaïr, 78, 86, 92, 93, 94, 98, 99, 100, 104, 112
Antarès (rival de Mars), 79, 86, 88, 90, 92, 95, 105
Arcturus, 64, 74, 78, 79, 80, 82, 83, 84, 86, 87, 88, 92, 93, 104, 108
Bêta Centauri, 60, 79, 83, 85, 117
Bételgeuse, 64, 65, 66, 71, 79, 112
Canopus, 29, 60, 62, 79, 87, 93, 99, 109, 113, 117
Capella, 64, 71, 75, 78, 92, 98, 104, 108, 116, 120, 121
Castor, 64, 70, 71, 72, 74, 75, 79, 82, 92, 102, 112, 116
Céphéides, 56
Deneb, 74, 78, 86, 92, 94, 98, 99, 100, 102, 104, 105, 112
Dubhé, 58, 108
amas globulaire M2, 106
amas globulaire M4, 90
amas globulaire M13, 88
amas globulaire M15, 110
amas globulaire M22, 95
Mérak, 58, 108
Mizar, 58
Omega Centauri, 62
Omicron -2, 118
Polaris (étoile du Nord), 29, 56, 57, 58, 70, 74, 78, 82, 108
Pollux, 64, 70, 71, 72, 74, 75, 79, 82, 92, 102, 112, 116, 120, 121
Procyon, 64, 70, 71, 72, 74, 75, 79, 83, 116, 117, 120, 121
Proxima Centauri, 36, 62, 85
Régulus, 77, 78, 79, 80, 92, 98, 120
Rigel, 64, 66, 78, 79, 113, 118, 120, 121
Sirius, 60, 62, 64, 70, 72, 73, 74, 78, 83, 87, 113, 117, 120, 121
Spica, 75, 78, 80, 81, 83, 84, 86, 87, 88, 92, 93, 98, 99
Triangle d'été, 78, 86, 92, 93, 94, 98, 99, 100, 104, 105, 112, 120, 121
Véga, 55, 74, 78, 86, 92, 94, 98, 99, 100, 104, 105, 112, 116, 120
Voir aussi constellations

T
comète Temple-Tuttle

Z
Zeus, 57, 58, 72, 84, 100, 102, 106, 119

Crédits photographiques

Pages 2-3, 95 : Eagle-head Nebula : NASA, ESA and the Hubble Heritage Team (STScl/AURA)-ESA/ Hubble Collaboration ; pages 4-5 : Andromeda : T. Rector and B. Wolpa (NOAO/AURA/NSF) ; pages 6-7 : Butterfly Nebula : NASA, ESA, and the Hubble SM4 ERO Team ; page 12 : Kitt Peak : Jeremy Kieth ; Pierce : John Owens ; page 13 : A. Duro/ESO ; page 14 : Parkes Radio Telescope : CSIRO ; page 15 : Hubble : NASA/JPL ; page 15 : Hubble Ultra Deep Field : NASA/ESA ; page 16 : James Webb Telescope : NASA ; page 17 : James Webb Telescope : NASA/ Desiree Stover ; page 18 : Jupiter : D. Williams, J. Friedlander, NASA Goddard ; Venus : NASA/JPL Magellan Team ; page 19 : Enceladus : NASA/JPL-Caltech ; page 22 : Orion : NASA, ESA, T. Megeath (University of Toledo) and M. Robberto (STScl) ; pages 32-33 : NASA/GSFC ; page 34 : Planet composite : NASA/JPL/ASU ; page 36 : Epic filament eruptions : NASA Goddard/GSFC ; page 38 : solar eclipse : NASA Goddard/GSFC ; page 38 : partial solar eclipse : NASA Goddard/GSFC ; page 39 : lunar eclipse : Lauren Hughes, NASA/AFRC ; page 39 : Moon : NASA/JPL/USGS ; page 42 : Sea of Tranquility : NASA/JSC ; page 43 : Eratosthenes : NASA/JSC ; Sea of Tranquility : Ocean of Storms : NASA/JSC ; page 44 : Mercury : NASA/Johns Hopkins University Applied Physics Laboratory/ Carnegie Institution of Washington ; page 45 : Venus : NASA/JPL ; page 45 : Earth : NASA/NOAA/ GOES Project ; pages 46/47 : Jupiter and Io : NASA/ Johns Hopkins University Applied Physics Laboratory/Southwest Research Institute/Goddard Space Flight Centre ; page 47 : Mars : NASA/JPL/ Malin Space Science Systems ; page 48 : Saturn : NASA/JPL/Space Science Institute ; page 49 : Neptune : NASA/JPL ; page 49 : Uranus : NASA/ JPL ; pages 50-51, 67 : Orion : NASA, ESA, M. Robberto (Space Telescope Science Institute/ESA) and the Hubble Space Telescope Orion Treasury Project Team ; page 54, 101 : Cygnus : NASA/ Digitized Sky Survey ; page 57 : Kappa Cassiopeiae : NASA ; page 57 : Cepheus B : NASA/CXC/JPL-Caltech/PSU/CfA ; page 59 : M106 : NASA and ESA ; page 61 : Tucana : NASA Goddard/GSFC ; Dorado : NASA Goddard/GSFC ; Crux : Naskies ; page 63 : Centaurus A : NASA, ESA and the Hubble Heritage Team (STScl/AURA)-ESA/Hubble Collaboration ; page 65 : Betelgeuse : Andrea Dupress (Harvard-Smithsonian CfA), Ronald Gilliland (STScl), NASA and ESA ; Horsehead Nebula : Tragoolchitr Jittasaiyapan ; page 68 : Horsehead Nebula : K. Noll, C. Luginbuhl (USNO), F. Hamilton/ NASA, NOAO, ESA and the Hubble Heritage Team (STScl/AURA) ; page 69 : NASA, ESA, and the Hubble Heritage Team (STScI/AURA) ; page 73 : Rosette Nebula : NASA/JPL-Caltech/UCLA ; page 73 : Puppis : NASA and The Hubble Heritage Team (AURA/STScl) ; page 77 : Vela : Harel Boren ; page 81 : Whirlpool galaxy : NASA, ESA, S. Beckwith (STScl), and the Hubble Heritage Team (STScl/AURA) ; page 81 : Antennae galaxies : B. Whitmore / NASA, ESA and the Hubble Heritage Team (STScl/AURA)-ESA/ Hubble Collaboration ; page 85 : Alpha Centauri/ Bêta Centauri : Skatebiter ; page 85 : M100 : J. Trauger, NASA/JPL ; page 89 : Messier 5 : NASA/ ESA ; page 89 : Eagle Nebula cluster : NASA/JPL-Caltech ; page 91 : Pismis 24 : NASA, ESA, and J. Maíz Apellániz (Instituto de Astrofísica de Andalucía, Spain) ; page 91 : Scorpius : NOAO/ AURA/NSF ; page 95 : Ring Nebula : Hubble Heritage Team (AURA/STScl/NASA) ; pages 96-97 : Pillars of Creation : NASA, ESA, and the Hubble Heritage Team (STScI/AURA) ; pages 54, 101 : Cygnus wide-angle : NASA Digitized Sky Survey ; page 101 : Lagoon Nebula : ESO/VPHAS ; page 103 : Cygnus Loop : NASA/JPL-Caltech ; page 107 : Hale-Bopp : NASA/KSC ; page 107 : Grus : NASA/GSFC ; page 107 : Helix Nebula : NASA, NOAO, ESA, the Hubble Helix Nebula Team, M. Meixner (STScl) and T. A. Rector (NRAO) ; page 111 : Sculptor : ESO/IDA/ Danish 1.5m/R. Gendler, U. G. Jorgensen, J. Skottfelt, K. Harpsoe ; page 111 : UGC477 : NASA/ GSFC ; page 115 : M33 : NASA and The Hubble Heritage Team (AURA/STScl) / D. Garnett (U. Arizona), J. Hester (ASU), and J. Westphal (Caltech) ; page 119 : Crab Nebula : NASA, ESA and the Hubble Heritage Team (STScl/AURA) ESA/Hubble Collaboration ; page 119 : Pleiades : NASA/ESA/ AURA/Caltech ; page 128 : Horsehead Nebula : Tragoolchitr Jittasaiyapan.

À propos des auteurs

Robin Kerrod est l'auteur de *Discover the Night Sky*, publié en 2000, qui a été mis à jour par Tom Jackson pour intégrer les nouveaux événements et les avancées dans ce domaine.

Robin Kerrod est membre de la Royal Astronomical Society et de la British Interplanetary Society. Il a rédigé de nombreux livres à succès sur l'astronomie, l'espace et les sciences. Il vit à Salisbury en Angleterre.

Tom Jackson est un auteur scientifique installé à Bristol au Royaume-Uni. Il a écrit de nombreux ouvrages sur toutes sortes de sujets, des axolotls aux zoroastriens. Il a contribué à de nombreux livres d'astronomie, notamment plusieurs titres avec Brian May et Patrick Moore.